JN231676

エンジニアなら
知っておきたい

AIの
キホン

機械学習・統計学・
アルゴリズムをやさしく解説

梅田弘之 著

はじめに

　ここ数年の人工知能（Artificial Intelligence）の進化と活用はすさまじく、今、AIを理解して活用しようと踏み出さないことは、3年後、5年後のビジネスにおいて大きなリスクと言えるでしょう。

　ここらで一度、本気でAIについて理解し、積極的に関わってみませんか。え、「今さら遅いよ」ですって？　いやいや、まだ大丈夫です。AIの進化は著しく、昨日までの知識は瞬く間に古くなってしまうので、今からでも十分にキャッチアップできます。

　急速な発展を遂げつつある分、AIの情報は断片的に散らばっており、かつ同じような内容があちこちで流用されています。また、数式の説明に終始して、一般の人たちがAIを理解・活用するには役立たない情報も氾濫しています（それが悪いわけではないのですが、あくまでも一般の人には無用な情報です）。

　セミナーに参加したり本を読んだりしても、AIが本質的にどういうものなのか、AIの得意なこと苦手なこと、ビジネスに活かすイメージなど、一番重要なところまでの説明がありません。結果、AIは難しいものと尻込みしたり、逆になんでもできそうだと過度に期待したり、AIの進化をむやみに恐れたり、AIでないものもAIと呼んだりと、かなりごちゃごちゃになっています。

　本書は「AIのことをなんとなくしか知らなかった人が、パッと全体像を把握できて、ベースとなっている技術も一通り理解して、今何が起きていて、これからどうなりそうかイメージできる」ことを目指して書いています。

　分かりやすく「ドクターX」ライクでお伝えすると次のような感じです。

第1次ブームからのAIの歴史についての物語を語る ……………「いたしません！」
AIの仕組みについて数式や統計学を徹底的に解説する…………「いたしません！」
AIライブラリの仕組みや使い方を解説する……………………「いたしません！」
ベンダ発信のデータを元に、どちらが優れているか比較する…「いたしません！」
AIが人間の仕事を奪って不幸をもたらすかの道義的論争………「いたしません！」

でも、こうなると「じゃあ、何を書くんだよ！」と言われてしまいそうですね。本書で取り上げる主な内容は、次のようなことがらです。

・近年のディープラーニングの劇的発展から現在までの状況を把握する
・現在提供されているAIサービスを知ることで、今後の進化を思い描く
・機械学習アルゴリズムとディープラーニングの本質的な違いを理解する
・最新のAI技術を知り、今後の社会における活用イメージを持つ
・AI技術が3〜5年後のビジネスでどのように活用されるかを想像する

　本書は、基本的には「これからAIに取り組むエンジニア」もしくは「既にAIに取り組んでいるエンジニア」向けに、AI技術の基礎知識を理解し、AIを大局的に捉えられるように書いていますが、もっと幅広く「一般の方でもAIについて理解できるように」という思いから、全体を3部構成としました。
　第1部では人工知能の基礎を理解します。第2部で技術的なところを少し掘り下げ、第3部でビジネスに活用するためのAIを学びます。数式を使って局所的な技術を説明するのは避け、難しいところは例え話で解説しています。

　なお、AI（人工知能）に機械学習が含まれ、機械学習の一部が深層学習（ディープラーニング）なのですが、これらの言葉の一般的な定義の説明は省いています。その代わりに言葉の持つ本当の意味や違いに関して掘り下げて書いていますので、どうか上っ面ではなく本質的なところを理解してください。

　また、せっかくなので楽しく学んでいただきたいと思い、麻里ちゃんというキャラクターにも登場してもらいました。麻里ちゃんが、だんだんAIについて詳しくなってゆくのに負けないように、みなさんも頑張ってください。みなさんのAIに関する理解が深まることに役立っていただければとても嬉しく思います。

2018年12月
梅田弘之

contents

contents

contents

第 1 部

人工知能の基礎を
理解する

第1章

人工知能の全体像

世の中には人工知能の情報があふれるようにありますが、断片的に情報に触れるだけではなかなか実像が見えてきません。そこで最初に、人工知能に関する知識や技術をきちんと整理して体系的に理解しましょう。ポイントは"階層"です。

人工知能の全体像（Overview）

　最初に人工知能（AI：Artificial Intelligence）を支える技術基盤はどのようになっているか、Birds Eye（鳥瞰図）で理解しましょう。**図1-1**は現時点における人工知能関連技術の全体像（Overview）です。大きく4つの層で構成されていますので、下から順に簡単に説明しましょう。

(1) ハードウェア（チップとサーバー）

　最下層は、ハードウェアです。ディープラーニングのニューラルネットワーク演算に求められる高速処理は、もはやCPUだけでは対応しきれないため、GPUやFPGA、ASICといった高速処理チップ（第2章参照）が使われています。

　また、AIサービスの多くはクラウドコンピューティングで提供されていますが、IoTの普及とともに最近注目されているのがエッジコンピューティングです。IoTエンドポイント（端末）からは大量のデータが連続発生しますが、これらを利用したディープラーニング計算処理をインターネットを介して処理していると、通信が増えてネットワークコストやクラウド料金が膨れ上がる上に、処理速度が遅くなってしまいます。そこでユーザーの近くにエッジサーバーを設置して、その上で人工知能を働かせるのです。

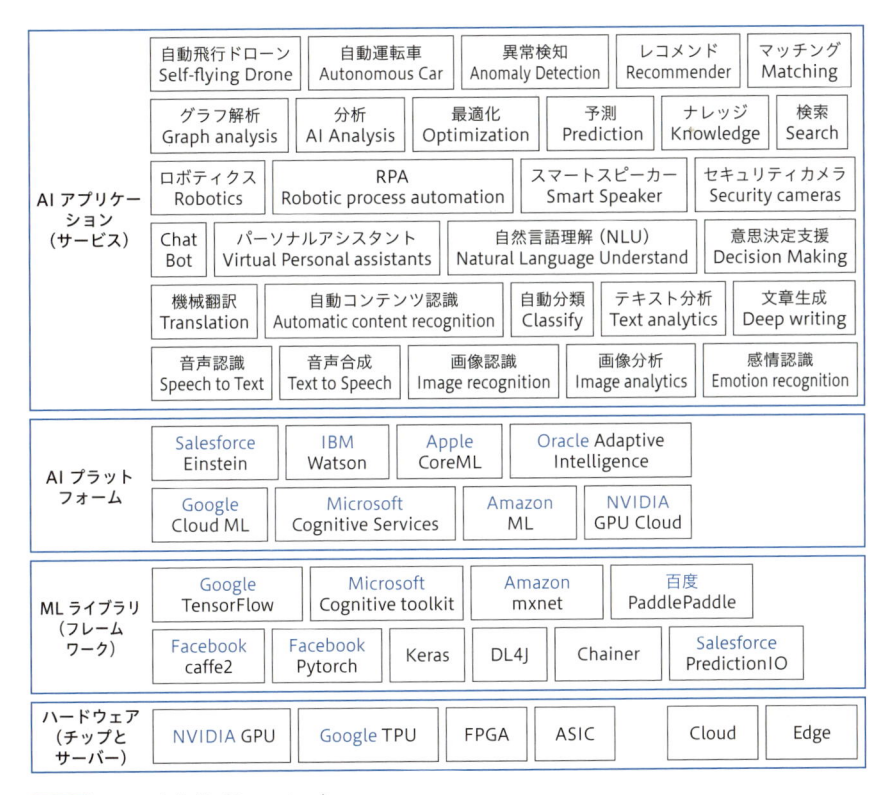

AIアプリケーション（サービス）	自動飛行ドローン Self-flying Drone	自動運転車 Autonomous Car	異常検知 Anomaly Detection	レコメンド Recommender	マッチング Matching
	グラフ解析 Graph analysis	分析 AI Analysis	最適化 Optimization	予測 Prediction	ナレッジ Knowledge ／ 検索 Search
	ロボティクス Robotics	RPA Robotic process automation		スマートスピーカー Smart Speaker	セキュリティカメラ Security cameras
	Chat Bot	パーソナルアシスタント Virtual Personal assistants	自然言語理解（NLU） Natural Language Understand		意思決定支援 Decision Making
	機械翻訳 Translation	自動コンテンツ認識 Automatic content recognition	自動分類 Classify	テキスト分析 Text analytics	文章生成 Deep writing
	音声認識 Speech to Text	音声合成 Text to Speech	画像認識 Image recognition	画像分析 Image analytics	感情認識 Emotion recognition

AIプラットフォーム	Salesforce Einstein	IBM Watson	Apple CoreML	Oracle Adaptive Intelligence
	Google Cloud ML	Microsoft Cognitive Services	Amazon ML	NVIDIA GPU Cloud

MLライブラリ（フレームワーク）	Google TensorFlow	Microsoft Cognitive toolkit	Amazon mxnet	百度 PaddlePaddle	
	Facebook caffe2	Facebook Pytorch	Keras	DL4J	Chainer ／ Salesforce PredictionIO

ハードウェア（チップとサーバー）	NVIDIA GPU	Google TPU	FPGA	ASIC	Cloud	Edge

図1-1 ： AIの全体像（Overview）

(2) 機械学習ライブラリ（フレームワーク）

　第2層は、機械学習（Machine Learning）を行う仕組みを持ったライブラリです。ハードウェアが車のボディだとすれば、こちらはディープラーニング車のエンジンのようなものです。

　ライブラリはフレームワークとも呼ばれることも多く、どれもオープンソースで無償提供されています。チュートリアルも充実しているので、我々エンジニアは手軽にこれらを利用してディープラーニング学習モデルを作成することができます。

（3）人工知能プラットフォーム

　ライブラリを使って画像認識や音声認識などの学習を行い、目的別にユーザーが利用しやすいサービスとして提供しているものが人工知能プラットフォームです。ほとんどの人工知能プラットフォームはクラウドをベースとした有料サービスです。例えばGoogle Cloud Machine Learningでは、「画像認識」「動画分析」「音声認識」「機械翻訳」「自然言語理解」などのAIサービスを提供しています。

（4）人工知能アプリケーション

　ライブラリを使って自ら機械学習させたり、AIプラットフォームが提供するサービスを利用したりして、人工知能を活用したアプリケーションが爆発的な勢いで広がっています。

　例えば「画像認識」を使った「異常検知」、「自然言語理解」を使った「パーソナルアシスタント」、「テキスト分析」を使った「ナレッジ」＆「検索」というように、さまざまなAI技術を組み合わせてさまざまなAI利用アプリケーションが続々と誕生しています。

　図1-2は、この4階層をコンピュータと対比したものです。実はコンピュータもハードウェア、OS、ミドルウェア、アプリケーションの4階層から構成されており、2階層目のOSが無償提供されているところもよく似ています。

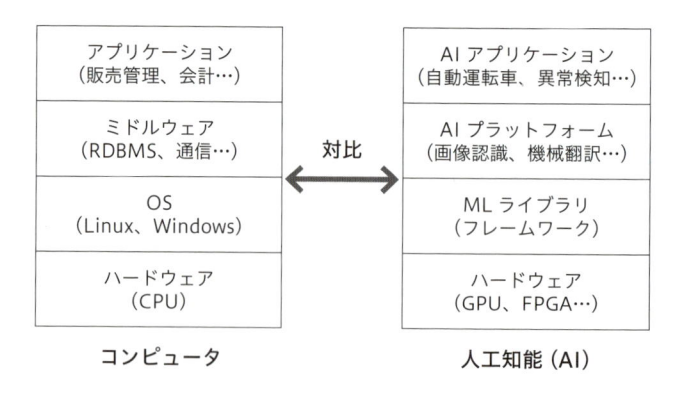

図1-2：コンピュータとAIの階層対比

このように比較してみると、我々一般のエンジニアの主戦場はハードウェアやライブラリ、AIプラットフォームを作るところではなく、それらを使いこなしてユーザーニーズを満たすアプリケーションを作るところだということが理解できると思います。

　AIアプリケーションを構築する際は、AIプラットフォームで提供されているサービスが有効活用できるかどうかチェックしてください。これらのサービスはすでに学習済であり、追加学習できるものも多いので、有償ではありますがそれを使う方が手っ取り早いでしょう。しかし、これらの汎用サービスでカバーできないものも多いので、その場合は1階層下に降りてAIライブラリを使って自分で学習させる必要があります。システムインテグレータがさまざまなハード、OS、ミドルウェアを組み合わせてアプリケーションを構築するように、AIでもハード、ライブラリ、AIサービスなどを組み合わせたり使いこなす力が問われる局面になっているのです。

麻里ちゃんのAI奮闘記

AIやるのに、高等数学や統計学の勉強はMustか？

：麻里ちゃん、朝からずいぶん難しい顔をしているね。

：AIやるために微分とか統計とか勉強始めたんだけど、全然、わかんなくってぇ…。

：ちょっと待って。麻里ちゃんは具体的にAIでどんなことをしたいの？

：そりゃぁ、AIを使ってさまざまな問題の解決や役に立つソリューションを作るって感じかな。

：なら、置いといていいよ。コンピュータの世界でも我々がOSやRDBMSを作るわけじゃないので、メモリ管理の仕組みやディスク割り当てなど知らなくてもいいでしょ。それと同じでライブラリを作るんじゃなければ、微分や線形代数の知識は必須というわけではないよ。

：だけど、AIを勉強しようすると数式がたくさん出てくるわ。

：何事も黎明期はベンダ発信の技術から広まってゆくからね。それにエンジニアが根本の仕組みを理解しておきたいというのはいいことだよ。でも、知っておくに越したことはないけどMustではないことを理解して、スピードを優先して別の勉強をした方がいいと思うな。

：そうは言っても、ライブラリを使いこなすときにパラメータをいじるでしょ。そのとき、やっぱり統計の知識が足りないなって思うの。

：確かにそうだね。でも、RDBMSやOSでパラメータチューニングが自動化されたように、AIライブラリもパラメータをいじらなくてもいいようになりつつあるんだ。

：そうなんだ（ホッ）。あ〜もっと早く教えて欲しかったなぁ。

：おお、急に顔が和らいだね。やっぱり、麻里ちゃんはそんなふうにとろーんとした顔の方がずっといいよ。

：ちょっとぉ…。とろーんってなによ。柔和とか穏やかとか、もっと別の言い方あるでしょう！先輩こそもっと勉強してボキャブラリ増やした方がいいですよ。

：ふふ、怒った顔もまたいいねぇ…。

ディープラーニングの歩み

　今回の人工知能の盛り上がりは、2012年の2つの出来事をきっかけに始まりました。1つは2012年6月にGoogleが猫を認識できるAIを開発したと発表したことです。これまで用いられてきた機械学習のアルゴリズムに代わって、深層学習（ディープラーニング）という新しいアルゴリズムでAIが自然に猫を認識（教師なし学習）したことは多くの専門家にインパクトを与えました。

　もう1つは同年10月にカナダのトロント大学が、ILSVRCという画像認識コンテストにおいて、AlexNetというニューラルネットワークを使って2位に大差を付けて優勝したことです。この2つの出来事はとても大きな話題にもなり、それまでAIを研究してきた機関はもちろんのこと、さまざまな企業や大学で

AIを新たな飯の種にしようというきっかけになりました。

そして、2016年にこの噴火を加速する爆発が起きました。Google AlphaGoが韓国の囲碁トップ棋士イ・セドル氏を負かした出来事です。このニュースはまたたく間に世界中を駆け巡り、今では近所のおじさんでさえAIのことを話題にするようになりました。

> **NOTE : AlphaGoの進化系AlphaGo Zero**
>
> イ・セドル氏を4勝1敗で負かしたAlphaGo Leeは進化を遂げてAlphaGo Masterとなり、2017年5月に中国の囲碁トップ棋士の柯潔（かけつ）氏を3勝0敗で負かしました。そして、あまりの強さにGoogleは人間との対局はこれで引退すると発表したのです。
>
> これで終わりかと思っていたら、2017年10月にさらに進化したAlphaGo Zeroが発表されました。こいつの学習方法がとても興味深いのです。AlphaGo Leeは棋士の知識が教師データとして使われましたが、AlphaGo Zeroは何もデータセットがないところから自己対決のみで学習し、最初の3日でAlphaGo Leeのレベルに到達し、21日目にAlphaGo Masterのレベルになりました。コンピュータ同士の対戦では、AlphaGo Zero対AlphaGo Leeは100対0、AlphaGo Zero対AlphaGo Masterは89対11で圧勝しています。

図1-3にその衝撃以降のディープラーニングの発展具合をまとめています。翌2013年にはさっそくハードウェア、ライブラリ、AIプラットフォームそれぞれの層で新たな成果が出ています。

NVIDIAがディープラーニングにGPUを使った効果を発表し、バークレー大学がCaffeというライブラリを開発し、IBMがWatsonを公開しているのが2013年です。

2015年になると、ニューラルネットワークのライブラリが続々登場してきました。FacebookがTorchをサポートし、現在、世界で人気の高いKerasやTensorFlow、日本のChainer、中国のPAIが公開されたのもこの頃です。ライブラリの拡充は2016年も活発で、MicrosoftがCNTK（そののちCognitive Toolkitに改名）を公開し、AmazonもMxNetのサポートを公表しています。

ライブラリの拡充に1年遅れる感じで、ビッグカンパニーを中心としたAIプラットフォームが続々花開いています。2015年にAzure Machine

	主なトピックス	AI プラットフォーム	AI ライブラリ（フレームワーク）	ハードウェア
2012 年	6月 Google 猫を認識できる AI を開発 10月 トロント大 画像認識コンテスト (ILSVRC) 深層学習で圧勝		11月 モントリオール大 Python 用数値計算ライブラリ Theano 開発 12月 ILSVRC2012 で優勝した CNN Alexnet が発表される	
2013 年		11月 IBM コグニティブコンピューティング Watson を公開	12月 バークレー大 画像認識の深層学習ライブラリ caffe 開発	6月 NVIDIA GPU で世界最大ニューラルネットワークを構築
2014 年	5月 MS 中国が bot 小冰を公開 11月 Amazon Echo 発売		4月 Java ベースの深層学習ライブラリ DL4J 開発	
2015 年	8月 MS が bot りんなを公開	2月 Microsoft Azure Machine Learning を公開 2月 Amazon Machine Learning を公開	1月 Facebook 深層学習ライブラリ Torch を公開 3月 Python ベースの深層学習ライブラリ Keras 開発 6月 Preferred Networks 日本製の深層学習ライブラリ Chainer 公開 8月 阿里巴巴 機械学習プラットフォーム PAI 発表 11月 Google 機械学習ライブラリ TensorFlow 公開	
2016 年	3月 Google AlphaGo 韓国の囲碁棋士を破る	3月 Google Cloud Machine Learning 発表 3月 Amazon 3 つの AI サービスを公開 9月 Oracle 機械学習プラットフォーム Intelligent Applications 発表 9月 Salesforce 機械学習プラットフォーム Einstein 発表	1月 Microsoft 機械学習ツールキット CNTK を公開 2月 Salesforce 機械学習ライブラリ PredictionIO 買収 4月 Python 製の深層学習ライブラリ Keras1.0 開発 7月 Microsoft Cognitive の一部を一般公開 8月 Facebook 3 つの画像認識系ライブラリを公開 9月 百度 機械学習フレームワーク PaddlePaddle 発表 10月 Microsoft CNTK を進化（改名）した Cognitive Toolkit 発表 11月 Amazon が MxNet のサポートを公表	5月 Google 深層学習専用プロセッサ TPU 公表
2017 年	3月 LINE パーソナルアシスタント Clova 発表 4月 Facebook パーソナルアシスタント「M」提供発表	3月 Google AI プラットフォーム Cloud ML の API 拡充 5月 NVIDIA AI プラットフォーム NVIDIA GPU Cloud 発表 6月 Apple AI プラットフォーム CoreML 発表 6月 テンセント AI プラットフォーム 智能雲 発表 11月 Amazon 機械学習作成サービス SageMaker 発表	1月 Facebook 深層学習ライブラリ Pytorch 公開 2月 Google 深層学習フレームワーク TensorFlow 1.0 発表 6月 Microsoft Cognitive Toolkit2.0 が公開	
2018 年	1月 Amazon 無人コンビニ「Amazon Go」開店 1月 Facebook「M」サービス終了 2月 Google スマートカメラ「Google Clips」発表	2月 Google 画像認識検索サービス「Google Lens」提供 2月 Facebook オブジェクト検出基盤「Detectron」公開	6月 Facebook 3D 画像処理システム「DensePose」発表	

図1-3 ：ディープラーニングの歩み

Learning と Amazon Machine Learning、翌2016年には Google Cloud Machine Learning や Salesforce Einstein、Oracle Intelligent Applications、そして2017年になって NVIDIA GPU Cloud や Apple Core Machine Learning などが発表されています。

　AI を活用したアプリケーションがまさに爆発的に誕生しつつあり、**図1-4**のように加速度を付けて広がりつつあるのが現状です。ハードウェア、ライブラリ、プラットフォーム、アプリケーションの各階層が、多少の時間軸のずれを持ちながら、拡充・進化を続けているのが今の人工知能(AI Now)なのです。

図1-4：AI ビッグバン（今の状態）

*　　*　　*

　本章では、AI を構成する技術を4つの階層に整理して全体像を把握しました。コンピュータの OS やミドルウェアと対比してみるとイメージが湧きやすいと思います。こうした階層をイメージしておけば、AI アプリケーションを構築する際に"目利き"と"使いこなし"の能力が必要になることが理解できます。
　また、2012年のビッグバン以来のディープラーニング関連製品、サービスの発表を時系列に並べたことにより、下の階層から上の階層へ徐々に重心が移ってきて、今、まさにアプリケーション層が爆発的に拡がりを見せている状態だということが実感できたかと思います。

第2章

AIチップとライブラリ

前章ではAI技術を構成する4つの階層を簡単に説明しました。本章では、このうちの第1層ハードウェアと第2層AIライブラリについてもう少し掘り下げて解説します。AIアプリケーションを構築する際に、GPU、FPGAなどの知識やどのようなライブラリがあるかを把握しておかなければなりませんので、覚えておきましょう。

ムーアの法則の終焉

　ムーアの法則とは、Intel創業者の一人であるゴードン・ムーア氏が1965年に発表した「半導体の集積率は18ヶ月で2倍になる」という経験則です。もう50年以上前の見解なのですが、これまで概ねその規則性に沿って半導体の集積密度が進化してきた脅威の法則です。

　しかし、さすがに最近はCPUの集積率アップも鈍化傾向が見られて、ムーアの法則にも限界が来たと言われています。一方で、何度も終焉と言われながら生き延びてきた法則でもあり、「ムーアの法則は健在」と主張する声もまだあります。私は終焉ノリなのですが、5年後に振り返って「おみそれしました」と脱帽している自分を期待してもいます。

　いずれにしてもビッグデータや仮想通貨、ブロックチェーン、人工知能など、

GPU(NVIDIA)　　　　FPGA(Altera)　　　　ASIC(Google TPU)

図2-1：AIチップ（GPU,FPGA,ASIC）

最近の技術トレンドは大規模な処理能力を必要としており、もはやCPUの集積率アップに依存しては追い付かない状況です。そこで登場したのが、**図2-1**のようなCPUを補助する演算処理チップです。

▍AIチップ

人工知能は膨大な単純計算がベースとなるため、CPU以外にもいろいろなチップが登場しています。代表的なAIチップをいくつか紹介しましょう。

(1)GPU(Graphics Processing Unit)

もともとGPUは、コンピュータグラフィックに必要な演算を行うためのビデオチップでした。CPUに比べてコア数が膨大で、CPUのコア数は数個程度なのに対して、GPUはコア数が数十から数千のものまであります。

CPU(Central Processing Unit)が汎用的な処理を行えるのに対して、GPUはCPUの命令を受けて大量コアによりシンプルな行列演算を一気に並列演算処理するのに向いている専用チップです（**表2-1**）。画像処理でスタートしたビデオチップですが、その後も動画編集やCAD、3Dゲームへと適用範囲が広がり、そうした市場が拡大する中でGPUの最大手として成長してきた企業がNVIDIA（エヌビディア）です。

	CPU	GPU
汎用処理	汎用的な処理向き（if ～ else ～が得意）	シンプルな処理向き（for ～ loopが得意）
並列処理	1個当たり数コア	1個当たり数十～数千コア
利用形態	単独で利用できる	CPUと一緒に利用
主な用途	コンピュータの中央演算処理装置	画像・動画処理、3D、CAD、AI

表2-1 ：CPUとGPUの違い

2012年にGoogleが1000台のコンピュータ（2000個のCPU）で猫の画像を認識しましたが、これだけのコンピュータを用意できるのはGoogleのような大企業だけです。ディープラーニングの将来性に目を付けたNVIDIAは、翌年、

このような深層学習の演算処理にGPUを使う実験を行って、12個のGPUが2000個のCPUに匹敵するという大きな成果を得ました。そして、今ではディープラーニングの高速演算処理には当然のごとくGPUが使われるようになっているのです。

(2) FPGA (Field-Programmable Gate Array)

　FPGAは、世の中にある汎用IC（集積回路）では自分たちの目的とする処理が行えない場合に、目的に合わせてICの内部ロジックを作り込めるカスタムICです。その特徴は、Field-Programmableという名前が付いているように、製造後に購入者がロジックを作り替えできる点です。GPUではNVIDIAに遅れを取ったIntelが、2015年にFPGA大手のAltera（アルテラ社）を2兆円で買収したニュースで、初めてFPGAを知った人も多いのではないでしょうか。

　FPGAは、ASIC（次に説明します）と違って内容を変更できるのが大きな特徴です（**表2-2**）。また、GPUに比べて処理能力は劣るものの消費電力が小さいことも注目されている理由です。この特徴は大量のサーバーが密集するクラウドやデータセンターに適しており、Amazon AWSやMicrosoft、IBMなど各社のクラウドに次々と採用されています。2020年までにクラウドサーバーの1/3はFPGAになるという予想も出ています。

	FPGA	ASIC
再プログラム	ロジック変更可能	ロジックの再設定不可
開発コスト	汎用品なので初期コスト小 （製造後バグ修正可能）	開発コスト、期間が必要 （仕様変更、設計ミスがリスク）
コスト	ASICより高い	大量生産により低コスト
消費電力	GPUより低い	FPGAより低くできる
ロット	小ロット、短サイクル向き	大量ロット、変更がないモデル向き

(表2-2)：FPGAとASICの違い

(3) ASIC (Application specific integrated circuit)

　ASIC（エーシック）は"特定用途向け集積回路"と訳されている通り、特定用途向けに設計されたカスタムチップです。FPGAが汎用品なのに対し、

ASICは専用品なのでオーダーメイドで作られます。

FPGAは内部ロジック（配線情報）をFLASH ROMに記憶しているので何度でもロジックの書き換えができますが、ASICはROMなのでロジックの作り換えはできません。しかし、専用ロジックを作り込んだカスタムチップなので、量産して単価を下げることができます。

2017年にGoogleが発表したオリジナルプロセッサTPU(Tensorflow Processing Unit)も実はASICです。高性能ですが、AlphaGoやGoogle画像検索など自社利用のためのチップなので、他社向けに販売をしていません。

麻里ちゃんのAI奮闘記

量子コンピュータってどんな状況なの？

：せんぱーい、質問があるのですが…。

：おうよ。なに？（ちょっぴり嬉しそう）

：量子コンピュータってなんですか？

：ぶっ！あ、あれぇ。いきなりなんてこと聞くんだぁ…（声ひっくり返る）。

：だって、電子銃が上の穴を通ったか下の穴を通ったかとか、猫が毒ガスで死んだか生きているかとかが、観察が行われない限り両方あり得るなんて説明、わけわかんなくって…。

：えっと。あれだなぁ…。量子ビットちゅうものがあって、それは同じ確率で0と1の両方の状態を取ることができるってやつで…(^^;)

：それって、なんか優柔不断な先輩のような感じ？尋ねてみるまで、好きなのか好きじゃないのか自分でも分からないって感じの…。

：えっ（どき！）。まあ、そのあたりの量子アルゴリズムは置いておこうよ。どうせ0か1かのノイマン型コンピュータだって、きちんと仕組みを知って使っているわけじゃないんだし…。

：あ、言われてみれば、そうですね。

：使う立場で必要なことだけ押さえておこう。まず、量子コンピュータには、「量子ゲートモデル」という汎用タイプと「量子イジングモデル」という特定用途タイプがあるんだ。

：もう実用化されているの？

：量子ゲートモデルはIBMやGoogleなどが研究強化しているけどまだまだかな。量子イジングモデルの方は、アニーリングという方式の実機が既に商用化されているよ。こちらは「組み合わせ最適化問題」を解くってことに特化したモデルなんだけどね。

：組み合わせ最適化問題って？

：どの組み合わせが一番最適かって問題。例えば、王様が20人の奥さんのところを順に訪ねるとしたとき、どの経路が一番短くなるかを調べるような問題。

：なに、その妄想が入った例え。なんか顔もいやらしい…。

：えっと…（タジッ）。これ、なんと6京822兆以上の組み合わせがあるんだ。そして、こんな感じの総当たり計算をやるのに、量子コンピュータは従来型コンピュータに比べて1億倍、GPUに比べても1千〜1万倍も速いんだ。

：すごーい。じゃあ、これからの機械学習の計算の主力になりそうね。

：う〜ん、もう少し時間が必要かな。なにしろ、いま、商用化されているモデルも絶対零度かつ超真空空間というすごい環境が必要なので、なかなか簡単に使えない状況なんだ。

：私も、海が見えて、K-POPが流れて、足湯しながらって環境があれば、今より10倍速く仕事できるんだけどなぁ…。

┃エッジコンピューティング

　現在、Google Cloud Machine Learning や Microsoft Cognitive Services、Amazon Machine Learning などのAIプラットフォームが提供するサービスは

クラウドで提供されています。クラウドは大量データを蓄積・管理することができ、スケーラブルでセキュリティも堅牢なので、機械学習を行うのに最適な環境だと言えます。

　一方で、IoTの普及にともない、IoT端末から自動的に集められるデータが肥大化し、これら膨大なデータをクラウドで処理するには、次のような不都合があることが認識されてきました。

①通信量が膨大になり、通信料やクラウド利用料が大幅に増える
②インターネット経由で処理されるため、処理速度が遅くなる
③セキュリティなどの理由でクラウドにデータを上げたくない
④インターネットの接続が不安定になると処理がストップする

　この問題を解決するため、現場に近いところにエッジサーバーを設置して、ローカルで処理できることはローカルで高速処理する構成にしたのがエッジコンピューティングです。通常、エッジサーバーはクラウドと組み合わせて使われることが多いのですが、その場合の役割分担には2つのタイプがあります。

　1つは機械学習自体はクラウドで行い、学習済モデルをエッジサーバーに入れて処理させる形態です。そして、もう1つは機械学習自体もエッジサーバーで行い、クラウドは分析などに利用するという形態です（**図2-2**）。

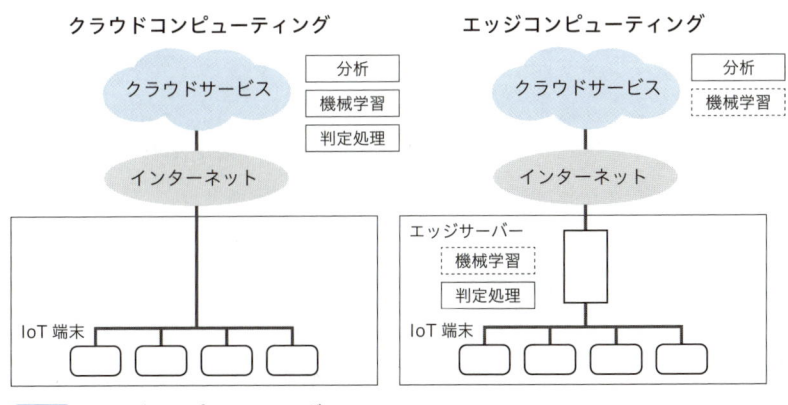

図2-2：エッジコンピューティング

機械学習ライブラリ

　機械学習ライブラリは、ディープラーニングを行うための機能を持ったツールで、フレームワークとも呼ばれています。機械学習のためのライブラリは昔からあったのですが、2012年にディープラーニングが脚光を浴びてからは、ニューラルネットワーク系のライブラリがいっきに増えました。カナダ、アメリカ、イギリス、中国、そして日本でも新しいライブラリが誕生しており、最近人気のあるもの、かつては人気があったが今では廃れたものなど浮き沈みも激しい状況です。この先は新しいライブラリの誕生というよりも、既存ライブラリの改良と淘汰が進んでいくだろうと予想しています。

　表2-3に現在主流のニューラルネットワーク系のライブラリ一覧を示します。もともと大学で開発されたものが多いのですが、開発者がGoogleやFacebookなどの大手企業に招かれたり、高額のサポートを受けたりして、今ではビッグカンパニーがライブラリ進化の中心的存在になっています。大学発祥ということもあってライブラリはオープンソースで提供されていて、それが人工知能の発展に大きく役立っています。それぞれチュートリアルも用意されているので、誰でも（英語さえこなせば）手軽に利用することができます。

オープンソースライセンス（OSS）

　表2-3に掲げたAIライブラリは、どれもオープンソースライセンス（OSS）でGitHubからソースコードが公開されています。OSSというとGLP(GNU

	ライブラリ	開発・サポート	ライセンス	発表
1	Caffe（カフェ） Caffe2	バークレー校 facebook	BSD	2013/12 2017/1
2	DL4J	Skymind	Apache	2014/4
3	Keras（ケラス）	Google など	MIT	2015/3
4	Chainer（チェイナー）	Preferred Networks	MIT	2015/6
5	TensorFlow（テンソーフロー）	Google	Apache	2015/11
6	Torch（トーチ） Pytorch（パイトーチ）	Ronan collobert 氏 Facebook	BSD	2002/10 2017/1
7	Cognitive Toolkit（コグニティブ）	Microsoft	MIT	2016/1
8	PaddlePaddle（パドルパドル）	百度（Baidu）	Apache	2016/9
9	MXNet	Amazon	Apache	2016/11

表2-3 ：現在主流の機械学習ライブラリ

General Public Licence）が有名でしたが、ちょっと利用条件が厳しすぎることもあって、最近は**表2-3**のライセンス欄にある3つのライセンスがよく使われています。

　もっとも制約がゆるいのがマサチューセッツ工科大学を起源とするMITライセンスで、使用条件は概ね「著作権者は義務や責任を負わない」「著作権を表示する」の2つです。カリフォルニア大学によって制定されたBSDライセンスもほぼ同程度で、この2つに「利用して作った製品の宣伝に組織や著作権者の名前を使わない」という条件が加わっています。Apacheライセンスは、AFS（アパッチソフトウェア財団）によるライセンス規定で、これに「製品を改変した場合にその変更点を示す」という条件が加わっています。

主な機械学習ライブラリ

　表2-3にピックアップした機械学習ライブラリについて、簡単に紹介しましょう。

(1)Caffe と Caffe2
　2012年にトロント大学がディープラーニングを使って画像認識コンテスト（ILSVRC）で圧勝したことにより、世界中の大学がディープラーニングに傾倒

しました。そして、2012年11月にモントリオール大学でTeano（テアノ）という ライブラリが誕生し、その1年後にカリフォルニア大学のCaffe（カフェ）が 発表されました。

　Caffeは、同大学バークレー校に在籍中のYangqing博士のプロジェクトで 作られたフレームワークで、ILSVRC2012で優勝したCNN（畳み込みニュー ラルネットワーク）による画像認識を得意とします。その後はBVLC(Berkley Vision and Learning Center)が中心となって開発を続けており、CNNだけで なく最近注目されているRCNN、LSTM、転移学習などのアルゴリズムをサポー トしています（アルゴリズムについては本書の第2部で説明します）。

　TeanoやCaffe以降さまざまなフレームワークが誕生して、Caffeも古い感 じになっていたのですが、2017年4月にFacebookがCaffeをベースにCaffe2を GitHubで公開したことで、再び人気急上昇中です。なお、TeanoはMILAと いう団体が開発を続けていたのですが、2017年10月に開発を中止すると発表さ れました。

(2) DL4J

　最近のライブラリのインターフェースは、ほとんどがPythonをサポートし ていますが、DL4JはDeep Learning for Javaという名前の通りJava、Scalaベー スのライブラリです。Skymindというスタートアップ企業が開発しており、「私 はやっぱりJavaがいい」という人たちに愛用されています。

> **NOTE** 世界で人気のプログラミング言語
>
> 　最近人気のプログラミング言語はなんでしょうか。IEEE Spectrumの「The Top Programming Languages 2017」というサイトを見ると人気がわかります。2015年 の人気No.1はJavaだったのですが、2016年にJavaは2位に下がって代わりにCが1位 になりました。そして2017年はPython（パイソン）が1位となり、C、Javaと続いて います。6位にR言語も入っていて、ディープラーニングやIoTでよく使われるプログ ラミング言語の人気が上がっているのがわかります。日本で人気のRubyも12位に入っ ていますよ。

(3) Keras

　Keras（ケラス）のメイン開発者はGoogleのFrançois Chollet（フランソワ ショ
ワレ）氏で、GoogleのフレームワークTensorFlowのラッパーとして人気の高
いライブラリです。さまざまな機能が高度にモジュール化されているので、イ
チからコードをスクラッチで書く必要がありません。層を積み上げ、各層のア
ルゴリズムやパラメータを指定する形でニューラルネットワークを構成するこ
とができるので、記述するコードもかなり少なくなります。また、可視化機能
も充実していて、学習状況や作成したネットワークをグラフやフローで表示で
きます。TensorFlowを使いこなすのは、それなりに難易度が高いのですが、
Kerasをラッパーとして使えば、とても簡単にディープラーニング処理ができ
ます。

> **NOTE** ： **ラッパーとは**
>
> 　ラッパー（Wrapper）と言えば「Hey!」で始まる音楽を連想しますが、ITの世界では
> 「元の機能を包み、覆い隠す別の機能」という意味で使われます。KerasをTensorFlow
> のラッパーとした場合、ユーザーはKerasの使いやすさを利用しながら、バックで使わ
> れているTensorFlowの機能は意識しなくて済みます。

(4) Chainer

　Chainer（チェイナー）は、我らが日本製のライブラリです。開発元は
Preferred Networksというスタートアップ企業で、トヨタを始めとして多くの
日本企業から資金調達を得て活動しています。Chainerの特徴も使いやすさで、
計算グラフを簡単に構築できます。また、何と言っても日本製なので日本人に
とってはとっつきやすいライブラリだと言えます。

(5) TensorFlow

　数あるAIライブラリの中で現在最も人気の高いのがGoogle TensorFlow（テ
ンソーフロー）です。もともとはGoogle内部で使われていましたが、2015年
11月にオープンソースとして公開されました。当社（株式会社 システムイン
テグレータ、以降同）のデザイン認識AIツール「AISIA DesignRecognition」

でも、このライブラリを利用しています。

　TensorFlowの特徴は、汎用性が高く細かな調整が可能なフレームワークだということです。C++で実装されているので処理速度も速く、ニューラルネットワーク処理のための関数も豊富に用意されています。モジュール化されていないので、プログラミングしだいでなんでもできます。ただし、汎用的な分、これを使いこなしてデイープラーニングのモデルを作成するためには、相応の学習時間と数学や統計学の知識が必要となります。そのとっつきにくさを補うのが、上記で紹介したKerasというラッパーなのです。

(6) Torch と Pytorch

　Torchは古くからある機械学習ライブラリで、Luaというスクリプト言語で書かれていました。これをベースにPythonで書いて2017年1月にFacebookが公開したライブラリがPytorchです。Facebookは同時期にCaffe2も公開しているので、2つのフレームワークをサポートしていることになります。

　Facebook に は、FAIR(Facebook AI Research)と い う AI研 究 チ ー ム と AML(Applied Machine Learning)というAI実装チームがあります。FAIRは以前からPytorchを使っていましたが、Pytorchは高度な研究には適しているも

NOTE：ONNX と NNEF

　Facebook と Microsoft は、2017 年 9 月 に ONNX(Open Neural Network Exchange) を発表して GitHub で公開しました。これは、複数のフレームワーク間で学習モデルを簡単にスイッチできる仕組みです。現在のところ、FacebookのCaffe2とPytorch、そしてMicrosoftのCognitive Toolkit と Chainer も ONNX に参加しています。これにより、例えばPytouchで作成した学習モデルをCaffe2で動かすこともできます。

　交換フレームワークには、NNEF(Newral Network Exchange Format) というものもあります。こちらはKhronos Groupが発表したもので、今のところCaffe2とTensorFlowからNNEFへのコンバータがGitHubで公開されています。

　このような交換フレームワークはユーザーにメリットが大きいので、今後他のフレームワークも参加することを期待していますが、う〜んどうでしょうか。

ののリソースを多く使うライブラリです。研究機関での利用例は多いのですが、あくまでも研究用途であると明記されています。そのため実装チームであるAMLは、スマホなどリソースの小さい環境でも利用できるCaffe2を使っているのです。

(7) Cognitive Toolkit

今、AI分野でGoogleを猛追しているMicrosoftは、Cognitive Toolkitというフレームワークを公開しています。Googleと同じく、もともとは社内で利用していたものを2016年1月にCNTKという名前でGitHubで公開し、同年10月にCognitive Toolkitという名称に改称しました。実は、せっかく名称変更したのに、いまだに通称でCNTKと呼ばれており、あまり改名した意味がないなぁって印象です。

2017年6月に公開されたCognitive Toolkit2.0では、TesorFlowと同じくKerasをラッパーとして利用できるようになりました。また、ONNX（前ページのNOTE参照）にも参加しており、Microsoft社のオープンなAI戦略が感じられます。

機能の充実ぶりも著しく、これからますます使われそうなフレームワークです。実は、当社で無償提供している花の名前を教えてくれるAIサービス「AISIA FlowerName」やディープラーニングを使った異常検知システム「ASIA Anomaly Detection」も、このCognitive Toolkitを使っています。

(8) PaddlePadlle

中国のネット産業では、検索サイトの百度(Baidu)、eコマースの阿里巴巴(Alibaba)、SNSの騰訊(Tencent)の3社がしのぎを削っています。それぞれの中核ビジネスは、ちょうどGoogle、Amazon、Facebookに相当するってのが面白いですね。そしてアメリカの3社が人工知能に力を注いでいるように、中国の3社も人工智能（中国語ではこう書きます）に力を入れています。

この3社の中で百度は一歩先んじており、PaddlePadlle（パドルパドル）というフレームワークも作成しています。上野動物園のパンダの名前が香香（シャンシャン）になったように、2回繰り返すとちょっと可愛いくなるようです。

そして、日本でChainerが多くの日本人に使われているように、中国では中国語で理解できるPaddlePadlleが人気です。

PaddlePadlleの特徴は、クラウドだけでなく、分散コンピューティングのクラスタで高速に稼働することで、エッジコンピューティングの普及が追い風になりそうです。中国では国策として人工知能に力を入れており、新しい技術を取り入れる機運も高いので、これから多くの中国系企業がPaddlePadlleを使ってゆくものと思われます。

(9) MXNet

MXNetは、もともとワシントン大学とカーネギーメロン大学で開発されたライブラリです。2016年にAmazonがサポートを公表して一躍脚光を浴びています。MXNetの特徴はスケーラブルなことで、大規模な学習演算でもGPUの数を増やすことにより高速に処理することができます。

また、学習済モデルは軽量で、スマートフォンやノートPCなど比較的処理

NOTE : Cognitive と Tensor

IBM は、AI を Artificial Intelligence（人工知能）ではなく、Augmented Intelligence（拡張知能）と定義し、AIよりも Cognitive Computing という言葉を使うようにしています。Cognitive（コグニティブ）は「認知」という意味です。結構、大真面目に Artificial Intelligence という言葉との違いを論じている人もいますが、私にはエッジコンピューティングとフォグコンピューティングと同じく言葉遊び（もしくは覇権争い）にしか見えません。でも、Cognitive Computing という言葉自体はアメリカでもよく使われていて、私もアメリカでよく耳にしました。そして、Microsoftのフレームワークもこの言葉を採用しています。

一方、Google のライブラリ TensorFlow の Tensor とは、"多次元配列"のことです。長さや重さなど方向性を持たない数値は0階 Tensor で、方向性を持つベクトルは1階 Tensor、行と列からなる行列は2階 Tensor、行と列と高さを持つ3次元データは3階 Tensor として配列計算できます。実空間に置き換えてイメージできるのはここまでですが、深層学習処理ではさらに上位階まで計算できます（"次元"については第10章でもう一度説明します）。なお、Tensor は日本ではテンソルと呼ばれていますが、この本書では英語の発音に近いテンソーを訳に当てています。

能力の低いデバイスでも利用することができます。なお、Amazonはもともと DSSTNE（デスティニー）というライブラリを公開していたのですが、今後はMXNetを中心にやってゆくようです。やはり、Amazonにとってスケーラブルという特徴は魅力あるのでしょうね。

* * *

　本章では、大規模な処理能力を必要とするAIを支えるチップとエッジコンピューターについて説明しました。最近の機械学習ライブラリはすべてGPUに対応しています。現時点ではGPUはNVIDIAの独壇場で高価ですが、AMDのGPUやインテルのFPGAなどとの競争が激しくなるにつれて、より低価格かつ高性能になると思われます。そして、そのGPUを積んだサーバーがクラウドだけでなくエッジに普及していきつつあるのが今の状況です。

　後半では、よく使われているライブラリを紹介しました。ライブラリの多くがビッグカンパニーのサポートを受けて、さらなる開発競争を繰り広げています。この先も人気のないものは淘汰されてゆくでしょうが、主戦場は次第に上位層のAIプラットフォームやAIアプリケーションに移っています。

第3章

AIプラットフォーム

本章では第3層の AI プラットフォームについて解説します。現在、Google や Microsoft、Amazon などのビッグカンパニー各社が AI プラットフォームを構築し、次々に AI サービスを提供しています。いったい AI プラットフォームとはどのようなもので、どんなサービスが提供されているのか。そのイメージをつかんでもらうために、Google Cloud Machine Learning と Microsoft Cognitive Services を題材として、提供されている各種サービスを紹介します。

AIプラットフォームとは

　機械学習を利用するには、「機械学習ライブラリを自作してイチから頑張る」「既存のライブラリを利用して自分で機械学習させる」「用途に応じた学習モデルが用意されているAIサービスを利用する」という3つの方法があります。2つ目の方法が主流ではあるのですが、最近は3つ目の方法である、AIサービスを提供するAIプラットフォームが充実して来ました。

　AIプラットフォームとは、ビッグカンパニー各社が有用なAIサービスを提供するために、自社のサポートするAIライブラリを使って学習させたものを取り揃えたものです。**表3-1**は、代表的なAIプラットフォームをまとめたものです。これらは主にクラウドサービスとして提供され、学習済みモデルの提供だけでなく、ビッグデータを格納するためのストレージやセキュリティ、外部インターフェースなど総合的なサービスとしてオールインワンの環境となっています。

AI プラットフォーム	主な特徴
Google Cloud Machine Learning	総合サービス。B2C 向けの製品・サービスを展開する中で磨いた AI 技術を次々とサービス化。B2B 向けもスタート
Microsoft Cognitive Services	総合サービス。まだプレビュー（ベータ版）のものも多いが、Google に対抗するようなサービスを急速に揃えつつある
IBM Watson	総合サービス。Cognitive（認知）を中心としたパーソナルアシスタント系のサービスに強みを持ち、ビジネスへの利用を意識
Amazon Machine Learning	スマートスピーカーでは先行したが、EC サイトとクラウド（AWS）の強みを活かした AI に関してはこれから本領発揮か
Apple Core Machine Learning	クラウドベンダではないため、iOS アプリで使うための専用フレームワークという位置づけ
Salesforce Einstein	当初 AI に関しては出遅れたが、買収により追撃態勢に入り、CRM を中心としたビジネス寄りの AI サービスを展開中
Oracle Adaptive Intelligence	AI およびクラウドに関して出遅れた感はあるが、Salesforce と同じくビジネス寄りの AI サービスを拡張中
NVIDIA GPU Cloud	GPU の強みをベースとしたクラウドサービス。その上の AI サービスの拡充に関してはこれから
百度 深度学習	百度雲での総合サービス。多くの技術者を採用して Google を意識したサービスを公表しつつあるが、完成度については不明
阿里巴巴 人工智能 ET	阿里雲での総合サービスを目指しているが、まだ各サービスの完成度は高くないイメージ
騰訊 テンセント	智能雲での総合サービスを目指しているが、まだ各サービスの実装はこれからという感じ

(表3-1)：主な AI プラットフォーム

　今後のビジネスに AI を活用するためには、どのような内容の AI サービスが素材としてあるか知っておく必要があります。そこで本章では、Google と Microsoft の AI プラットフォームを取り上げ、そこで提供されているサービスがどのようなものであるか解説します。

Google Cloud Machine Learning と Microsoft Cognitive Services

　AI の進化・発展を牽引している Google と、それを猛追する Microsoft の AI 関連サービスを**表3-2**にまとめました。Google は「Google Cloud Platform」、Microsoft は「Azure Cloud Services」というクラウドサービス上に、それぞれ「Cloud Machine Learning Services」「Microsoft Cognitive Services」という機

械学習サービスでさまざまな用途のサービスを有料で提供しています。一見すると Microsoft の方がサービスが多いようですが、Google で 1 つのサービスに

	Google	Microsoft
クラウドサービス	Google Cloud Platform	Azure Cloud Services
機械学習サービス	Cloud Machine Learning Services	Microsoft Cognitive Services Azure Machine Learning Services
画像／動画分析	Cloud Vision Cloud Video Intelligence	Vision（視覚） ・Computer Vision（画像分析、文字読取、キャプション付け） ・Content Moderator（不適切コンテンツの監視） ・Face（顔認識） ・Video Indexer（動画補正、動作検出）
音声認識／音声合成	Cloud Speech-to-text Cloud Text-to-Speech	Speech（音声） ・Speech to Text（音声認識） ・Text to Speech（音声合成） ・Speaker Recognition（声紋認証）
機械翻訳	Cloud Translation	・Speech Translation（音声翻訳） ・Translator Text（テキスト翻訳）
自然言語処理	Dialogflow Enterprise Edition Cloud Natural Language	Language（言語） ・Text Analytics（重要句やトピックの検出） ・Bing Spell Check（スペルチェック） ・Language Understanding（言語理解） ・Content Moderator（不適切コンテンツの監視）
検索／分類	Cloud Talent Solution （仕事検索） Firebase Predictions （ユーザーグルーピング）	Search（検索） ・Bing Web Search（Web ページ検索） ・Bing Custom Search（Web ページ検索） ・Bing Video Search（動画検索） ・Bing Image Search（画像検索） ・Bing Visual Search（類似画像検索） ・Bing Entity Search（エンティティ検索） ・Bing News Search（ニュース検索） ・Bing Autosuggest（検索候補表示） ・Bing Local Business Search（地元企業検索）
学習支援	Cloud Machine Learning Engine Cloud Autol ML（スマート学習）	Custom Vision Services
エージェント／Bot	Assistant's speech recgnition （OKGoogle） api.ai（オープンソース）	・Dialogflow Enterprise Edition（会話インターフェース） ・QnA Maker（FAQ bot 作成） ・Microsoft Bot Framework（Cortana）
ライブラリ（フレームワーク）	TensorFlow Object Detection	Microsoft Cognitive Toolkit

表3-2 ：Google Cloud Machine Learning と Microsoft Cognitive Services の対比

まとめているものを細かいサービスに分けて提供しているだけで、カバーしている機能はほぼ同じです。

　現在リリースされているものは、画像認識や音声認識、翻訳、パーソナルアシスタントなど、スマホやSNSなどのアプリケーションに組み込まれている"機械学習モノ技術"をクラウドサービスとして提供した色合いが強いようです。しかし、最近はエンタープライズ向けのサービスもリリースし始めており、今後ビジネス向けサービスもラインナップされてゆくのか注目しています。

　両者ともすごい勢いでいろいろなサービスを順次拡充している過程にあり、まだプレビュー（ベータ版）提供のものも少なくありません。しかし、次から次へとGA（正式リリース）されており、今、まさにサービス拡充の真っ最中だと実感します（廃止になったものもあります）。ここでは、より理解を深めるために両者を対比していますが、似たような機能に関してはGoogle主体で紹介していきます。

NOTE : GA と RC

　新しいサービスが次々とリリースされるAIの世界では、GAという言葉がよく出てきます。これはGeneral Availabilityの略で、正規リリースや正式版などの意味で使われます。これに対比するのがRC（Release Candidate）で、こちらはいわゆるベータ版のことです。Microsoftではプレビュー、中国では公測中と呼んでいます。

　なお、本書はAIというものを理解するのが主目的なので、RCだったり日本語をサポートしてなかったりするものも評価対象に取り上げています。

---

(1) 機械学習エンジン

・Google Cloud Machine Learning Services

　Google Cloud Machine Learning Servicesは、TensorFlowベースのニューラルネットワークモデルを構築するためのマネージドサービスです。Cloud Dataflowでデータの処理を行い、HyperTuneでパラメータを自動調整してモデルのトレーニングを効率化できるほか、Cloud DatalabやBigQueryを使ってモデルの作成、SQLの分析も行えます。もちろんTensorFlowフレームワークも利用できるので、TensorFlowでデータフローグラフの作成やトレーニング

も行えます。

> **NOTE：マネージドサービス**
>
> 　マネージドサービスとは、サービスの利用・運用に必要なデータや通信インターフェース、セキュリティ、運用支援などを一体化して提供するアウトソーシングサービスのことです。

・Microsoft Cognitive Services

　GoogleのCloud Machine Learning Servicesに対抗するAIプラットフォームがMicrosoft Cognitive Servicesです。Cognitive（認知）という名前が付いているように、画像や音声、テキストなどの認識を行う手法として、畳み込みニューラルネットワーク（CNN）、再帰型ニューラルネットワーク（RNN）、その改良版であるLSTM、敵対的生成ネットワーク（GAN）などを提供しています。

・Azure Machine Learning Services

　ディープラーニングが脚光を浴びていますが、なんでもニューラルネットワークが良いというわけではなく、用途によっては従来からの機械学習アルゴリズムの方が優れている場合もあります。

　そうした機械学習環境を提供するのが、2015年2月に公開されたAzure Machine Learningというマネージドサービスです（**図3-1**）。そして2017年9月にこれを拡張したAzure Machine Learning Servicesが発表されました。これは機械学習全般のサービスで、統計理論に基づいた各種手法を提供しています。線形回帰や決定木、SVM、ロジスティック回帰などの「教師あり学習」、クラスタリング、次元削減などの「教師なし学習」もサポートし、レコメンデーションや不正検知、異常検知、予測・予防、最適化など、AIの活用目的に応じた機械学習アルゴリズムを幅広く取り揃えています。

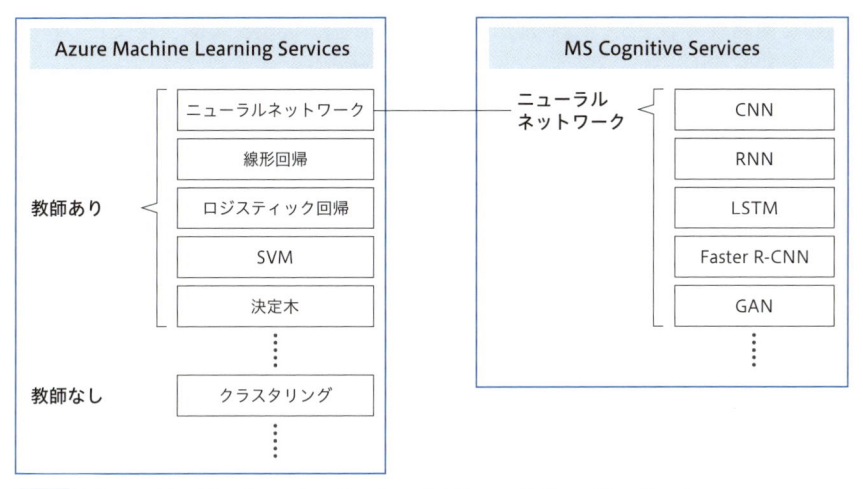

図3-1：Azure Machine Learning Services と Microsoft Cognitive Services

（2）画像認識（Image Recognition）

　Google Cloud Vision は、画像の内容を認識する API です。一般に画像認識は次の2つから構成されており、それぞれに機械学習が使われています。

・画像内の個々の物体や人の顔、テキストなどのオブジェクトを検出する
・検出したオブジェクトが何であるかを認識する

　顔の検出では Joy や Anger などの感情分析（Emotion recognition）も行いますし、画像に含まれる個々のオブジェクトだけでなく、「何をしているところか」という光景も認識してくれます。

　OCR により、画像の中の文字を読み取ることもできます。実際に当社で製品化した AI によるデザイン認識ツール「AISIA Design Recognition」にも Cloud Vision の OCR 機能を使っているのですが、日本語でも高い精度でバッチリ読み取ってくれます。

　顔認証で同一人物を特定できるため、カメラでの本人認証にも利用できます。また、犯罪者や要注意人物の検出、イベント参加者の男女割合判定など幅広い

用途で使われています。このほかにも年齢や性別、姿勢、笑顔、髭などの特徴を認識して似た人をグルーピングする機能も備えています。

　ただし、Facebookの顔認証Deep Faceとは違い、一般人の名前は出てきません（教えていないので当然ですよね）。機械学習には大量の学習データが必要ですが、各社が保有するデータの特徴によって同じようなAIでも、できることに違いが生ずるのです。

　実際にGoogleのホームページで私のスノーボード写真をアップしてみました。顔がはっきり見える場合は、FaceタブにJoyやAngerなどの感情分析が表示されるのですが、この写真は遠景だったためFaceタブは表示されていません。Labelタブを見ると、肝心のSnowboarding 75%が8番目で1番目がFootwear（履物）という突っ込みどころ満載の結果でしたが、Snow 91%、Winter 86%、Winter Sport 79%というように画像から読み取った物体や行為をラベル付けしてくれています（**図3-2**）。

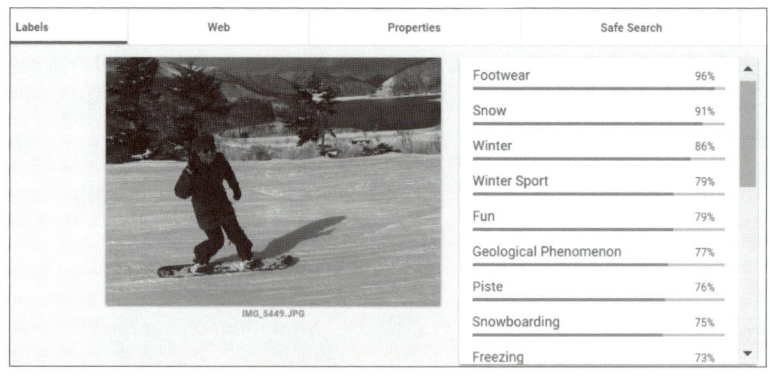

図3-2：Cloud Visionによる画像認識

　こうしたタグ付けを利用して画像分類（Classify）や画像検索（Search）などが行えます。数値は信頼度（AIの確信度）で音声認識や自然言語理解などにも付いています。「百聞は一見に如かず」と言いますので、皆さんもぜひ何か写真をアップロードして試してみてください。

(3) 動画分析（Video Recognition）

Google Cloud Video Intelligence は、Google Cloud Vision（画像認識）の動画版です。動画ファイルを分析して、そこに含まれる要素（エンティティ）を抜き出し、どんなコンテンツが含まれている動画なのかカタログ化してくれます。イメージとしては時間軸を元に動画を輪切りにし、そのスナップショットごとに Cloud Vision 的な処理をして要素を抜き出している感じです。

抽出した要素がキーワードとなるので、いろいろなキーワードで検索した際に該当する動画をヒット率の高そうなものからピックアップするなどの応用が可能となります。ドキュメントをテキスト解析してキーワードで検索する技術の動画版という感じでしょうか。YouTube という動画サイトを持つ Google らしい API と言えますが、Microsoft にも Video insights という API が用意されています。

図3-3は、Google のホームページのデモに用意されているタンザニア Gombe 国立公園の動画です。動画が進むにつれて付けられるラベルの候補が少しずつ変化するのがわかります。今回選択したものは動物園の様子なのですが、nature や tree、animal など映った内容がきちんとタグ付けされています。

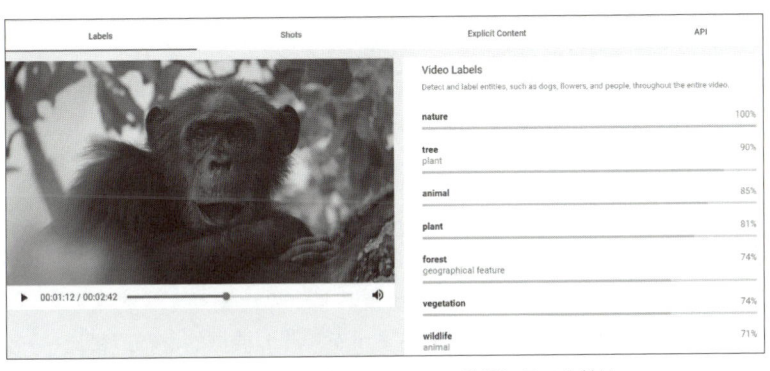

（図3-3）：Google Cloud Video Inteligence API で動画にラベル付け

(4) 音声認識（Speech to text）と音声合成（Text to speech）

Google Cloud Speech-to-text は、120以上の言語と方言を認識して音声をテキストに変換する API です。ユーザーが話す音声をオンライン＆ストリーミン

グでテキストに変換したり、事前録音された音声ファイルを一括変換したりできます。

声紋認証（Speaker Recognition）も行えます。指紋認証と同じ要領で、話し手が予め音声を登録しておくことにより誰が話しているかを特定します。セキュリティにおける声紋認証やスマートスピーカー、家庭ロボットなどで実用化されています。

ヒント機能により特定の語句を指定するカスタマイズもできます。医療・科学など特定の業界で使われる専門用語や大阪弁・津軽弁などの方言、特定の製品名などが認識されない場合、IMEの辞書登録のようにそれらの言語を追加することができます。また、雑音の多い環境でも音声のみを拾ってくれるので、音声により機械や家電を言葉で操作するコマンド制御の用途にも用いられます。

音声認識は、音声を音響的に認識して文字列に分解する「音響モデル」と、その文字列を元に"たぶんこう言っているだろう"と推定する「言語モデル」から構成されています。言語モデルだけでなく音響モデルもカスタマイズできるので、背景ノイズの除去や特定環境・ユーザーに最適化することで認識率を高めることもできます。

Googleのホームページから簡単に試すことができるので、ちょっと喋って変換精度を確認してみてください。ちなみに、私がこのセリフで試してみたところ、**図3-4**のように一発で間違いなく変換されました。Google Homeで体感されている方も多いと思いますが、日本語の認識力も高いです。実は本書もGoogle Documentで書いているのですが、そこに付いている音声入力を利用しているんですよ。

音声認識（Speech to text）の逆パターンで、文章を音声に変換するのが音声合成（Text-to-speech）です。スマートスピーカーやパーソナルアシスタントなどですっかりお馴染みになっていますが、昔の機械的な音声に比べてだいぶ人間っぽくなってきましたね。音声合成の基本技術は、声帯から出る波形を真似する**合成モデル**と本物の声をたくさん用意して、それを適宜つないで音声とする**素片接続モデル**があります。

合成モデルの方がコンピュータっぽくて、最終的にはこちらになると思っているのですが、今のところはまだ不自然な感じが漂います。一方、素片接続モ

図3-4 ：Cloud Speech-to-text で音声認識

デルは自然な音声が作れるのですが、男性や女性の声で大量に音声を録音しておく必要があり、適切な単語の録音がない場合は自然さが薄れてしまいます。

(5) 機械翻訳（Translation）

Google Cloud Translation は、さまざまな言語をリアルタイムに翻訳できるAPIです。100を超える言語に対応しており、ソース言語（元の言語）が不明でも自動的に判断して翻訳してくれます。

プログラマティック・インターフェースになっており、Google REST API を利用してHTMLドキュメントから文字列を検出してくれるので、例えば越境ECサイトで商品登録した際に、多言語に自動翻訳するような処理を作ることができます。

> **NOTE： REST と RESTful**
>
> REST とは Representational State Transfer の略で、Roy Fieldeing 氏が2000年に提唱した複数のソフトウェアを連携させるのに適した設計原則です。この原則に則って作られた HTTP や XML を使った Web ベースのインターフェースが RESTful API です。

Google Translation（Google翻訳）のホームページで翻訳精度を試してみましょう。先ほどの「ちょっと喋って変換精度を確認してみてください」程度の文章なら、**図3-5**のようにいい感じに翻訳してくれていますね。

① Google Translate API（デモ画面）

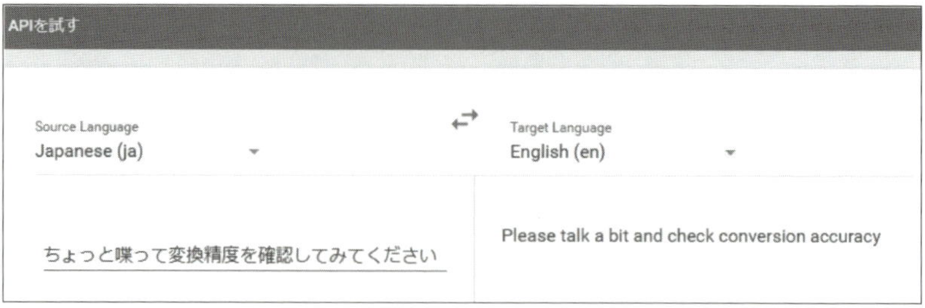

② Google 翻訳のページ（音声入力した結果）

図3-5 ：Cloud Translation の翻訳デモ

Google翻訳はGoogleのホームページでも公開されているので、辞書代わりに利用されている人も多いと思います。こちらはテキスト以外に音声入力も対応しているので、マイクアイコンを押して音声でも試すことができます。今回Translation API と Google翻訳で試してみた結果は同じなのですが、以前（半年前）は下記のように微妙に訳が違っていました。そして、その時の訳と今回も少しだけ変わっていて、日々進化しているんだなって実感させられます。

①半年前の Translation API：Please speak a bit and check the conversion accuracy
②半年前の Google翻訳：Please talk a bit and check the conversion accuracy
③今回の Translation API と Google翻訳：Please talk a bit and check conversion accuracy

Google翻訳はスマホのアプリでも提供されており、海外へ行ったときには重宝します。文字入力や音声入力のほかにも、写真をアップロードしてそこに写っている文字を翻訳してくれる機能もあり、レストランなどで読めないメ

ニューなどが出てきたときに役立ちます。

　カメラにも対応しており、スマホをかざすだけで写っている文字をリアルタイムに翻訳してくれます。私はいつもPCでYouTubeの音楽を聴きながら執筆しているのですが、そのPC画面をスマホでかざしてみると**図3-6**のような感じでリアルタイムに訳してくれます。面白いですね。

（図3-6）：スマホのGoogle翻訳アプリでPC画面をリアルタイム翻訳する

　面白いのは、ディープラーニングを応用することにより、さまざまな言語間の翻訳が同時進行的に発展できる点です。Google AI Blogに書かれていた**図3-7**を使って説明しましょう。ここでは最初に韓国語と英語の翻訳をトレーニングし、次に日本語と英語の翻訳をトレーニングしたそうです。すると、なん

と、その組み合わせではトレーニングしていなかった韓国語と日本語の翻訳が可能になったのです。

　なぜこんなことが可能になったかというと、AIの中に日本語や英語があるわけではなく、AIのみ理解できる独自の"AI言語"みたいなものが形成されるからです。そして、このAI言語がHUBとなるため、それを介してさまざまな言語を別の言語に変換する仕組みになっているようです。

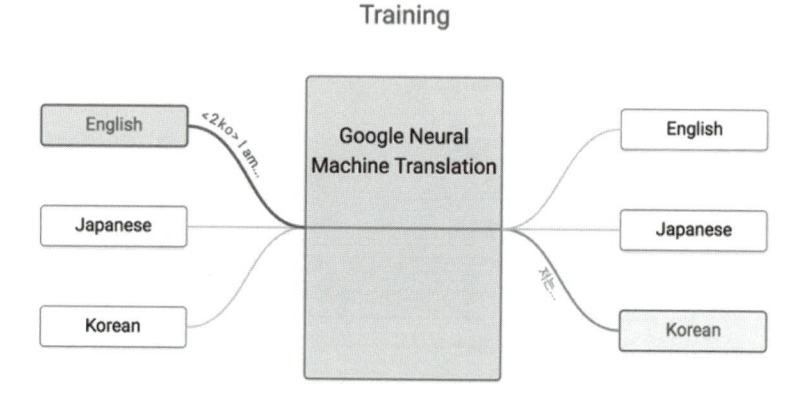

https://research.googleblog.com/2016/11/zero-shot-translation-with-googles.html

図3-7 ：韓国語と英語、日本語と英語の学習で、韓国語と日本語の翻訳が可能に
（Google Blogの図を引用）

NOTE ： 東京オリンピックは"翻訳こんにゃく"花盛り

　2017年9月にサンフランシスコで行われたAI SUMMITに参加するため羽田空港でレンタルWi-Fiを借りたのですが、その際にオプションでili（イリー）というウェアラブル翻訳機が利用可能でした。その後、POKETALKやAibecy、Langie、Easytalk、ez:commu、IU（アイ・ユー）、Mayumiなど様々な携帯型翻訳機が続々と発売され、スマホでもこの手の翻訳アプリがいろいろ出てきています（図3-8）。この市場はこれからかなり活性化して、東京オリンピックの頃には、ペンダント型やヘッドセット型など、さまざまな"翻訳こんにゃく"が普及していると予想しています。

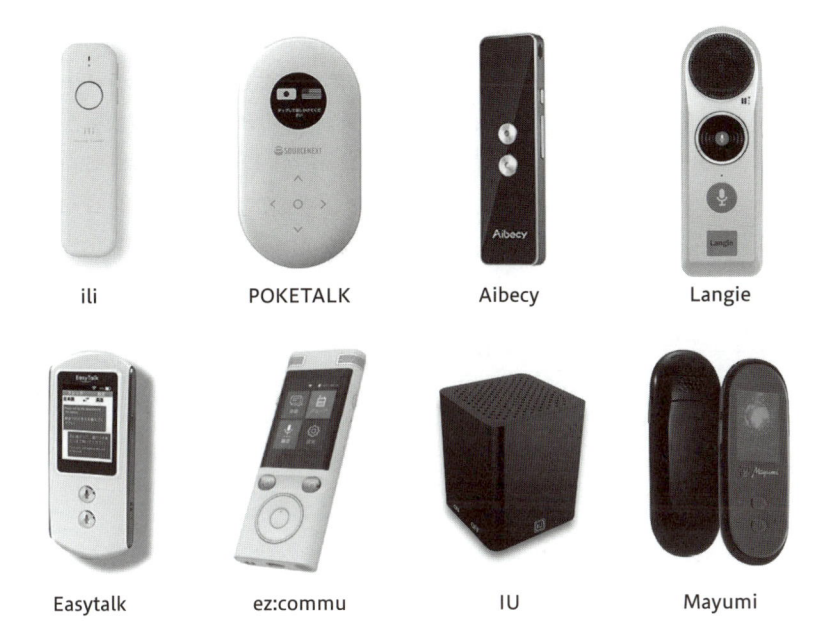

ili   POKETALK   Aibecy   Langie

Easytalk   ez:commu   IU   Mayumi

図3-8：ウェアラブル翻訳機（各社ホームページより）

(6) 自然言語理解（Natural Language Understand）

　Google Natural Language は、自然言語の構造と意図を解析する API です。英語やスペイン語、中国語などさまざまな言語に対応し、もちろん日本語も大丈夫です。ドキュメントやニュース記事、ブログ、メール、チャットなどの文章を解析して、人、場所、イベントに関する要素（エンティティ）を抽出します。また、文章から悲しい、怒っているなどの感情要素も取り出せます。

　自然言語処理は、りんなのようなチャットボット、OK Google や Siri のようなパーソナルアシスタント、Google Home や Amazon Echo のようなスマートスピーカーなどにも使われています。音声認識や画像認識に比べると "人間レベル" に到達するまでまだ時間がかかりそうですが、SNS の文章から商品に関するコメントを拾う、コールセンターでの対応をサポートする、システムとのインターフェースを会話形式にする、などいろいろなところで実用化されつつあります。

Google Natural Language APIは、アプリケーションから参照できるHTTPエンドポイントのWebサービスになっており、さまざまな企業がパーソナルアシスタントやロボティクス、チャットボットなどのアプリケーションを開発しています。予め用意された言語モデルのほかに、ユーザーが意図や句を追加カスタマイズしてトレーニングでき、アクティブラーニングによって利用しながら自己学習して成長する仕組みも持っています。

NOTE エンドポイントとURI

エンドポイントとは、APIにアクセスするためのURIのことです。え、URIってなに？ですよねぇ。URIは「Uniform Resource Identifier」の略で、Webページの場所を表すURL（Uniform Resource Locator）や名前を識別するURN（Uniform Resource Name）の総称です。

Google Natural Languageのホームページで試してみましょう。「先日、購入した洋服のサイズが合いませんでした。返品できますでしょうか」という文章を入力してみました。Entitiesタブで「洋服」「サイズ」「返品」という3つの要素がCONSUMER GOODなどのカテゴリ付きで抽出されています（**図3-9**）。Sentimentタブで感情的要素、Syntaxタブで読み取った文章の構成を見ることもできます。

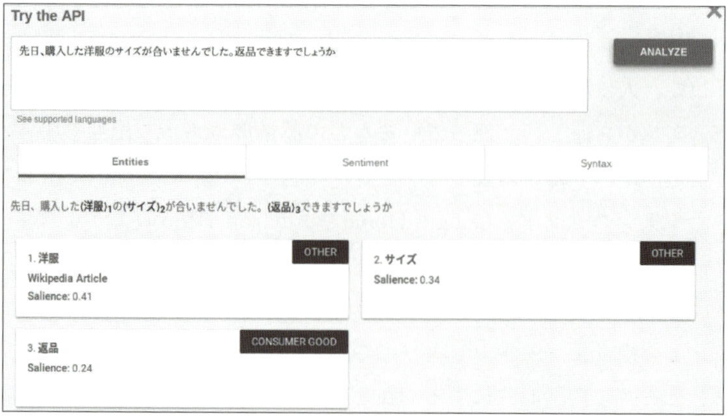

図3-9：Google Natural Languageでテキスト解析

(7) 仕事検索

Google Cloud Talent Solution は、自分に合った仕事を見つけるのを手助けするジョブ検索APIです。Google社が画像分析、音声認識のようなベーシックなAPIだけでなく、ビジネス寄りのAPIを提供してきたことに少し驚きました。2018年5月に ML for Firebase という Kit も登場しました。Firebase は、2014年に Google が買収したモバイル＆Webアプリケーションの開発プラットフォームなのですが、ML for Firebase はそこに顔認証やテキスト認識（OCR）、画像やロゴ、ランドマークの認識、不適切なコンテンツの検出など、おなじみのAI機能を利用できるようにしています。

これからもエンタープライズ向けのAIアプリケーションもサービスインして行く戦略なのか、たまたまあるチームが作ったものを公開したのか、この先の展開を注目しています。

Cloud Talent Solution は転職支援サイトやハローワークなどに使えそうですが、このAPIにはマッチングにディープラーニングを応用するヒントが隠されています。AIはすでに人材派遣会社のスタッフ検索や結婚相談所の候補選びなどにも活用されていますが、より幅広いマッチング用途にディープラーニングが使われていくことを予感させられます。

(8) スマート学習

2018年1月に発表された Cloud AutoML は、機械学習の専門知識がない人でも簡単に機械学習させられるサービスです。ディープラーニングが専門家向けの難しい技術という位置づけから、誰でも簡単に使いこなせるものにしようという姿勢を感じるもので、わかりやすい手順で画像認識モデルを作ることができます。

(9) 検索（Search）

Microsoft の検索エンジン Bing を使って世の中のWebページにアクセスし、画像や動画、ニュース記事、Webページなどのコンテンツを取り出すサービスが提供されています。

・Bing Web Search /Bing Custom Search（Webページ検索）

　Webページ検索版です。このAPIを使えばGoogleやYahoo、BingなどでおなじみのWeb検索機能をアプリケーションや製品から利用できます。Webサイトをクロールして情報を集めるタイプのアプリを作るのに重宝します。なお、GoogleにもGoogle Custom Searchというサービスがあります。

・Bing Image Search（画像検索）

　Web上の画像を検索する機能をさまざまなアプリケーションや製品に提供するAPIです。ホームページのデモで「ペンギン」と入力すると、**図3-11**のようにWeb上からペンギンの画像を拾ってきて表示してくれます。キーワード検索だけでなく、鮮度や色、画像サイズなどの条件を付けて検出される画像を絞り込むこともできます。

・Bing Visual Search（類似画像検索）

　Bing Image Searchは"ペンギン"というテキストを入力して一致する画像を検索しましたが、Bing Visual Searchはテキストではなく画像をもとに似たような画像を検索するサービスです。例えば、ECサイトに訪れたユーザーが、自分のお気に入りの服の写真を撮ってアップすると似たような服をパッとレコメンドしてくれるようなアプリケーションに使えそうですね。

・Bing Autosuggest API（検索補完）

　Microsoftが最初に始めたインテリセンス（IntelliSense）という入力支援機

図3-11 ：Bing Image Searchのデモ

　能があります。これは、ワードを途中まで入力したときに候補を表示する"オートコンプリート"やタイプミスを自動補正する"オートコレクト"などを総称した呼び方です。このオートコンプリートをWebで提供し、さまざまなアプリケーションや製品で使えるようにしているのがBing Autosuggest APIです。

(10) エージェント・Bot

・Google Dialogflow

　ECサイトやモバイルアプリケーションなどでユーザーと会話形式でやり取りするインターフェースがずいぶん増えてきました。B to CだけでなくB to Bのシステムでもユーザーインターフェースをコマンドベースから会話形式に変えるだけで、なんだか気の利いたシステムに見える効果があります。Google Dialogflowは、このような会話インターフェースを簡単に作成できるサービスで、Google Natural Languageの自然言語理解技術を搭載しています。

・QnA Maker

　また、もう1つAIの利用方法としてよく挙げられるのがユーザーサポート支援です。利用者からの問い合わせを受けるコンタクトセンターや保守サポート窓口では、毎回、同じような内容の問い合わせ（FAQ）が多いので、この応答をなんとかAIにやらせたいと考えるのは自然なことでしょう。MicrosoftのQnA Makerはこうしたニーズに応えるためのサービスで、FAQと製品マニュアルをナレッジ化して適切なQ&Aができるようなトレーニングを行い、自社に合ったFAQ Botを作ることができます。

　自然言語理解をコアとするbotエンジンやAIエージェントは、オープンソースとして一般公開しているもの、自社のアプリに限定して提供しているもの、自社利用のみで非公開のものがあります（**表3-3**）。

・各社の公開・提供状況

	AI エージェント	公開状況	自社での利用
Google	OK Google	Android アプリ（限定公開）	Android など
	Dialogflow	無料サービス（無料は制限あり）	Google Allo
Facebook	Wit.ai	オープンソース	Messenger
Microsoft	QnA Maker Bot Framework	Cognitive Services で有料公開 Microsoft Azure で有料公開	Cortana
Apple	Siri	サードパーティに限定公開	iOS など
Amazon	Lex	AWS サービス（有料公開）	Amazon Echo
IBM	Watson Assistant	Watson Developer Cloud（有料公開）	Watson

（表3-3）：各社の自然言語理解AIとbot作成サービス

Google

　2017年10月に日本でもスマートスピーカー「Google Home」が発売され、「OK Google」がよりなじみ深いものになりました。ただし、「Google Now API」は、今のところAndroid上にアプリを登録するユーザーだけの限定公開で、それ以外の一般のアプリケーションからは利用できません。その代わりにGoogleは2016年にapi.aiというbotエンジンを買収し、これをGoogleのメッセージアプリAlloに採用しました。api.aiはオープンソースで公開されていたのですが、

2017年10月にDialogflowに改名されています。

Microsoft

　MicrosoftもLuis.aiという自然言語理解AIを使って、Cortana（コルタナ）というパーソナルアシスタントを作っており、これをベースにしたbot作成環境Microsoft Bot Frameworkをプレビュー公開していました。そして、これをベースにより具体的なサービスとしてQnA Makerが誕生しています。

Apple

　iPhoneを擁するAppleもiOS10にSiriKitを搭載してSiriをサードパーティ向けに公開し、UberやSkypeなどのアプリから「Hey Siri」と呼び掛けて利用できるようになりました。

Amazon

　Amazon Echoで使われているAlexa（アレクサ）というパーソナルアシスタント技術をベースにしたLexというbotエンジンをAWSサービスで公開しています。

Facebook

　Facebookも2015年に買収したWit.aiというbotエンジンをオープンソースで公開しており、これを自社のMessenger Plattformのbot開発用としても提供しています。

麻里ちゃんのAI奮闘記

りんな

：あ、せんぱーい。いやらし〜、なに女子高生の写真眺めてんの？

：あっ、これは…。マイクロソフトの女子高生AIチャットボットの「りんな」だよ (^^;)。今、ちょっとbotの研究しているとこ。

：えっ。怪しい〜（¬_¬）。じゃあ、ちょっとチャット見せてよ。

：ダ、ダメ！ なにすんだよ、いきなり〜（必死）！

：あ、やっぱり見せられないような会話してたんだ〜（ーー゛）。もう長い付き合いなの？

：おっほん。そもそも2014年に中国で小冰（シャオアイス）ってbotが出て大人気になって、2015年に日本でもりんなが作られたんだ。アメリカでも2016年にZo.ai（ゾー）が登場してるんだよ。

：あれ、いきなり解説…。ごまかそうとしてるぅ（'〜゛；）。でも、本家のアメリカが最後って不思議ねぇ。

：だね。実は、米マイクロソフトはZo.aiの前にTay（テイ）というbotを公開したんだけど、悪趣味なユーザーが面白がって人種差別やヘイト言語を覚え込ませたため、すぐに停止する事態となったんだ。

：へぇ〜。そんなことあったんだぁ。

：中国テンセントのBaby Qも2017年8月に突然共産党の批判を始めたから停止したんだって。これはちょっと怖いかも。

：AIサービスに不適切なコンテンツを除去するフィルタリング機能が備わっているのは、こんな痛い経験があったからなのね。

＊　＊　＊

　本章ではGoogleとMicrosoftのAIプラットフォームを紹介しましたが、Amazonや IBM、Salesforce、Apple、Oracleなどビッグカンパニーが軒並みクラウドベースのAIサービスを提供しています。どこもサービスの拡充に躍起になっていて、新サービスのリリースやサービスの廃止が非常に活発です。「だるまさんがころんだ」と叫んで振り返る度に、もうサービスが変わっていてびっくりします。各社それぞれに特色を持っていますので、何かAIソリューションを構築しようと考えた場合に、利用できそうなサービスがないかチェックしてください。

機械学習とディープラーニングの違い

ここまで人工知能という得体の知れない舞台で、どんなキャストがそれぞれの役割を演じているかを見てきました。全体のイメージはつかめたと思いますので、本章からはぐっと目を近づけてディープラーニングの仕組みを理解していきたいと思います。

機械学習とは

　機械学習は、コンピュータに学習させて人間と同じような認識・判断を行わせる人工知能の手法の1つです。アルバイトで雇った人に仕事内容を教えてから仕事をさせるのと同じく、機械学習は**図4-1**のように「**学習処理**」と「**判定処理**」の2つの手順で行われます。

(1) 学習処理

　機械学習の学習の仕組み（ライブラリ）がどんなに優れていたとしても、何も訓練しなければ赤ちゃんと一緒です。最初に訓練データを使ってトレーニングすることによって、学習器がだんだん賢くなってゆくわけです。そして、これなら十分な精度だと思われるレベルまで到達したら、ようやく学習済モデルの出来上がりです。

(2) 判定処理

　学習済の分類器（学習済モデル）は、未知のデータがなんであるかを判断・推定します。例えば、花の画像をラベル（花の名前）付きで学習させた分類器は、学習データに入っていなかった未知の花の画像を見て、「バラ」であると正しく判定してくれます。

1. 学習処理

訓練データで機械学習させて学習モデルを作成

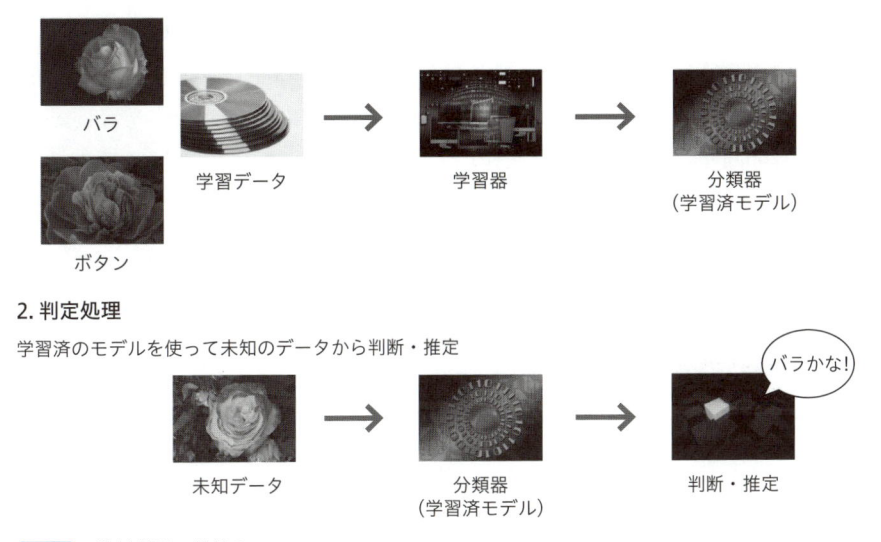

2. 判定処理

学習済のモデルを使って未知のデータから判断・推定

図4-1：機械学習の仕組み

ミニバッチ学習法

　機械学習は、アルゴリズムよりもデータが重要だとよく言われています。実際には目的に応じたアルゴリズムを選ぶことも大切なのですが、学習データの量と質はさらに重要なのです。よく大量データが必要と言われていますが、量だけでなく品質も非常に重要です。品質の悪い（人間でも判定がつかないような）データで学習すると精度が逆に落ちてしまいます。

　機械学習は、1回学習して終わりというわけではありません。例えば10000枚の画像を使って訓練するとしても、1回流しただけで終わりではなく、10回、20回と同じ訓練データで再トレーニングを繰り返します。そうすることで、学習器も**「さっきまではわからなかったけど、今ならわかるぞ」**というふうに認識精度が高まってゆくのです。

　実は、このように学習データを一気に流すバッチ学習の代わりに、もっと細

かな単位（バッチサイズと言います）で学習を繰り返す**ミニバッチ学習**という手法がよく使われています。**図4-2**をもとに説明しましょう。これは9000枚の画像を使って学習するケースで、バッチサイズ60、バッチ回数200 、エポック回数20としています。9000枚のデータからランダムに60枚を抽出（サンプル1）して学習し、続いてまたランダムに60枚を抽出（サンプル2）して学習します。これを200回繰り返してエポック1の学習が終了です。これを合計20回行うわけです。

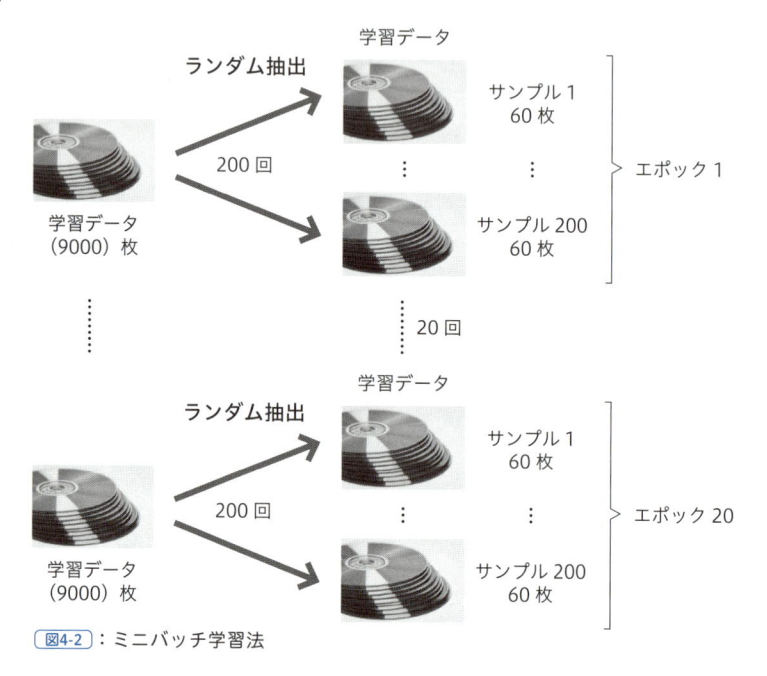

学習データ

ランダム抽出

サンプル1
60枚

200回　　　　　エポック1

サンプル200
60枚

学習データ
（9000）枚

20回

学習データ

ランダム抽出

サンプル1
60枚

200回　　　　　エポック20

サンプル200
60枚

学習データ
（9000）枚

図4-2：ミニバッチ学習法

　なんだかジムの筋トレに似ていますね。腹筋60回を200セット行い、それを20回もやるわけです。セットが終わるたびに鏡の前に立ち、だんだんお腹が割れていくのをうっとり見るわけです。
　9000枚を一気に学習するのを20回やるバッチ学習じゃダメなのでしょうか。そんな素朴な疑問が湧いてきますよね。実はダメというわけではないのですが、**ミニバッチ学習は確率的勾配降下法**の要素が入るのでより学習効果が高まると言われています。

　キーワードは、「**ミニバッチごとの勾配均衡**」と「**ランダムにデータ抽出**」です。通常のバッチ学習で誤差調整するのに対して、ミニバッチ学習では60枚流すごとに誤差調整を行います。セットが終わってから鏡を見るのではなく、腹筋60回やるたびに鏡の前に立って割れ具合をチェックするナルシスト型なのです。

　また、9000枚のデータから順番に60枚ずつ抽出して150回学習すれば学習データを余さずダブらず有効に使えるのにと思うのですが、そうではなく毎回ランダムに60枚のデータを抽出します。エポックごとに抽出するデータの組をランダムに変えさえすれば、順番切り出し法の方がデータを有効に使えて良いような気もしますが、人間がものを覚える行為をイメージすると、ある程度ダブった方が覚えるのかも知れません。

▎ホールドアウト法

　貴重な学習データなのですが、あるものすべてを訓練に使うわけではありません。用意した学習データのうち、訓練に使う**訓練データ**のほかに上達ぶりを確認する**評価データ**を確保しておきます。そして、評価データにおける精度をチェックしながら学習を進めるのです。

　このように学習データを訓練データと評価データに分ける方法を**ホールドアウト法**と言います。一見するとこれで十分なのですが、評価データが良くなるようにとチューニングしながら学習するので、どうしてもそこには**バリアンス**（→P.53参照）が生じてしまいます。

　そのために、最近は**図4-3**のように評価データとは別にテストデータを取り

分けておきます。テストデータは訓練には使いません。最終的に分類器の正答率や精度が求める水準に達したかどうかを、このテストデータで判定するのです。理想を言えば、同じ人がテストデータを用意するのではなく、別の人が別のルートから提供した方が良いとされています（システム開発のテストデータと同じですね）。

　「よし、だいぶ分かるようになったぞ」と自信をつけた分類器に、「じゃあ、卒業試験ね」ってことで全く未知のデータでテストを行い、そこで求める精度を達成できたらようやく合格となります。このような理由なので、テストデータでチューニングしてはいけないことになっており、求める精度まで達しなかった場合は、やり直しすることになります。

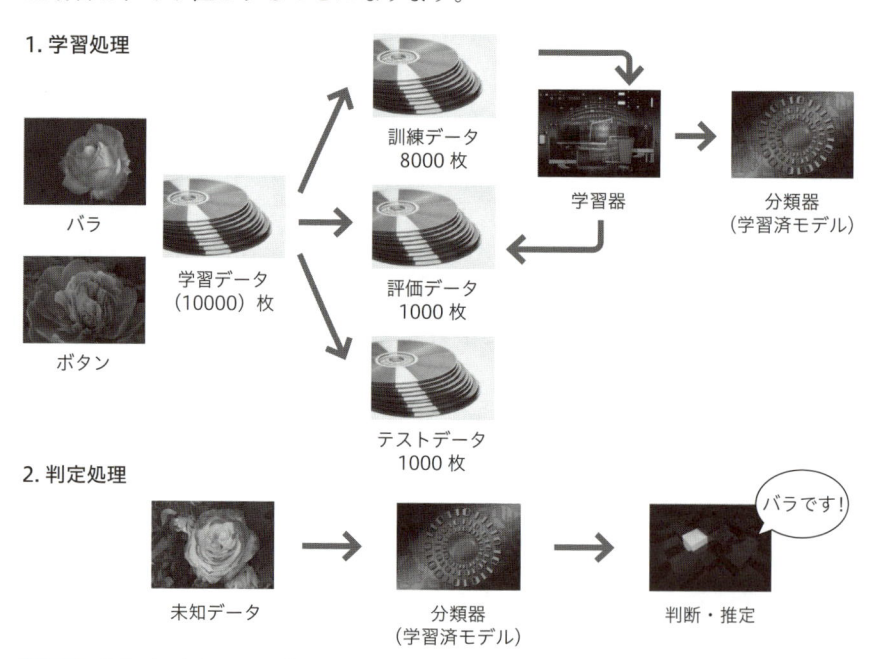

図4-3：評価データとテストデータを分けた学習

▌ 正解率と再現率と精度

　上記で分類器の精度と書きましたが、厳密に言うと評価に使う指数は**図4-4**

のように**正解率（Accuracy）**、**再現率（Recall）**、**精度（Precision）**という3つを使い分ける場合があります。

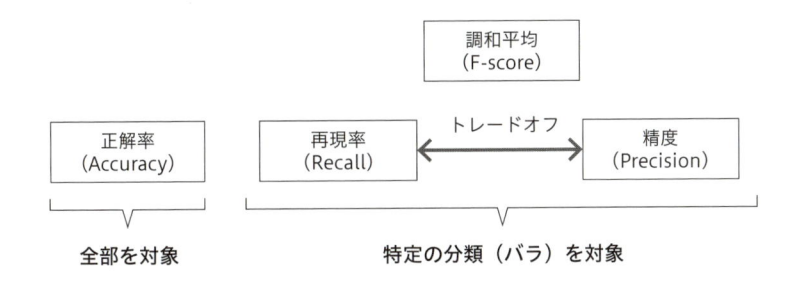

図4-4 ：正解率と再現率と精度

バラの画像10枚とバラ以外の花の画像20枚を使ってバラの分類を行った**表4-1**で説明しましょう。10枚のバラの画像のうち正しくバラに分類した数が8枚、20枚のバラ以外の画像のうち誤ってバラに分類してしまった数を3枚とします。

正解率は単純に"**全データに対する**"正解した数の割合なので下記に示す計算で83.3%になります。一方、再現率と精度は、全データではなく"**バラに分類したデータに対する**"評価となります。下記の計算式により、再現率（バラの画像をいくつバラと認識できたか）は80%、精度（バラに分類したデータのうち、いくつ本当にバラだったか）は72.7%となります。

正解率：(8+17)/30=83.3%

バラの再現率：8/(8+2)=80%

バラの精度：8/(8+3)=72.7%

調和平均（F値）：2×再現率×精度/（再現率＋精度）＝2×80×72.7/（80+72.7)=76.2

	バラ（10 画像）	バラ以外（20 画像）
バラに分類	8	**3**
バラ以外に分類	**2**	17

表4-1 ：分割表

一見すると、常に正解率で評価すれば良さそうに思われますがどうでしょうか。例えば、画像による品質異常検査(Anomaly detection)の分類器だとして、"バラ"を"異常"に置き換えてみてください。この場合、最も大事なのは異常のある製品を見過ごさない再現率なので、疑わしきは罰するという姿勢でしきい値を低くして再現率を高めます。その場合、異常じゃない製品も異常とみなすことが多くなるので精度は犠牲になり、その結果、正解率も下がります。

　このように、再現率と精度はトレードオフの関係にあります。そのため、両方を統合して評価する調和平均（F値）という指標もあります。再現率と精度の両方をバランス良く高める場合は、F値を大きくするように分類器を調整します。

■ 過学習と汎化誤差

　機械学習で気をつけなければならないのが「**過学習**」です。同じ学習データで何回も何回もトレーニングすると、そのデータだけに強い"ガリ勉君"になってしまい、それ以外の本番データに対する認識率が逆に下がってしまいます。そのため学習する際は、評価データで精度向上度合いを確認して、ある程度サチった（飽和した）ところで学習を終了する決断が必要です。

　分類器の認識率は、トレーニングに使った評価データで測ってはいけません。必ず未知のテストデータで測定して誤差○%というように示してください。こうした未知のデータに対する誤りを「**汎化誤差**」と言います。また、汎化誤差が小さいことを「**汎化能力が高い**」とも言います。

　過学習を防止する技術としては、「**正則化**」、「**ドロップアウト**」、「**K分割交差検証**」などがあり、どれも有効です。これらについては第6章で説明します。

　運用のポイントとしては、合格（妥協）ラインを決めることです。正解率や再現率が何パーセント以上だったら十分とするのかを決めないと、正解率が飽和してきたときにこれでOKにしていいかどうか判断できません。そして目標ラインに到達しそうもなかったら学習データを見直して、もっとデータ量を増やすとか品質の悪いデータを取り除くとかしてやり直しかありません。場合によっては、データだけでなく機械学習のパラメータを変えたり、アルゴリズ

ム自体を別のモデルに変える必要もあります。

バリアンスとバイアス

　特定のデータで過学習してしまい、そのデータに依存したモデルとなってしまって汎化誤差が大きくなることを**バリアンス（variance）が大きい（オーバーフィッティング）**と言います。逆に、データに対して学習不足でモデルが単純過ぎて汎化誤差が大きいケースは**バイアス（bias）が大きい（アンダーフィッティング）**と言います。

　バリアンスとバイアスは**図4-5**のようにトレードオフの関係にあり、2つのバランスを取りながらトレーニングするわけです。言葉にすると難しそうですが、何回かやるとコツがつかめ、ダメなときは早めに諦めてデータを見直したりする勘所がわかります。

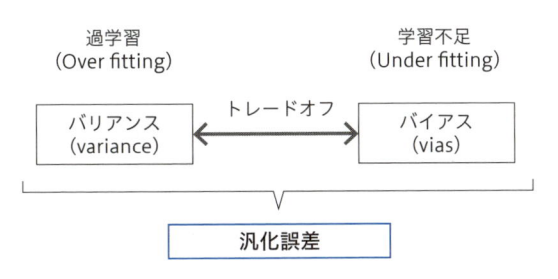

　図4-5：バリアンスとバイアス

アクティブラーニング

　アクティブラーニングというと、双方向参加型の教育を連想しますね（実は当社でも積極的に取り入れたりしてます）。でも、機械学習におけるアクティブラーニングは、それとは全く違う意味で、本番運用しながら自然に**追加学習できる仕組み**を言います。

　機械学習の基本は、**図4-1**のように学習データを用意して学習して、完成し

た分類器を使って未知のデータを判定するスタイルです。このスタイルにおいて肝要なのは、通常のコンピュータの計算結果と違い、**人工知能は100%正解を出すものとは想定しない**ことです。そのため、通常は人工知能の判断結果を人間がチェックして、もし誤っている場合は、正しい答えに修正する処理が入ります。

この人間が修正したデータを使って、追加で学習させるのがアクティブラーニングです。アクティブラーニングには**図4-6**のように2つの方法があります。

(1) 人間が全量チェック

分類器のアウトプットを人間が全量チェックし、間違っていたものを修正して追加学習データとして利用します。人間ドックの画像診断のように、人工知能が人間の見落とし、見誤りを防止してくれるようなケースで役立ちます。文章を書き終えて原稿を推敲する際に、誤字らしい文字を見つけてアンダーライ

アクティブラーニング（全量チェック）

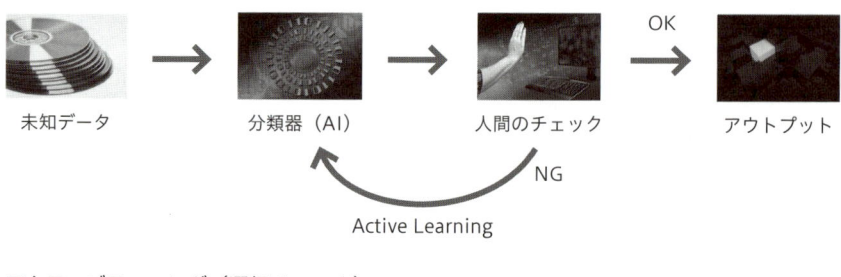

アクティブラーニング（選択チェック）

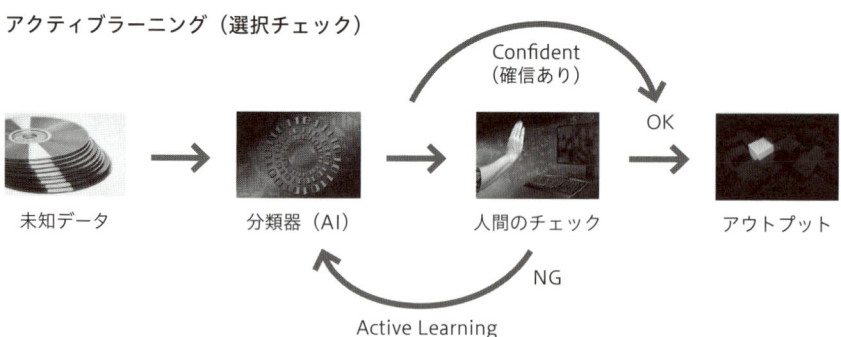

〔図4-6〕：機械学習におけるアクティブラーニング

ンを付けてくれるとミスに気づきやすいのと同じです。

(2) 精度による選択チェック

　分類器は判定した識別結果に対して信頼度（Confident）を付けます。この値が高い場合は間違いないとわかっているなら、信頼度が低いデータのみを人間がチェックして追加学習します。製造業における画像による品質検査のように、通常は信頼度が高いデータがほとんどで、まれに信頼度が低いデータが交じるケースでは、大幅に人間の作業を軽減してくれます。

　いずれの方法も「**AIか人間か**」ではなく、「**AIが人間をサポート**」するスタイルです。リアルタイムで追加学習させることも考えられますが、人間が修正したデータを一定期間（量）ためてからバッチで学習させるのが普通でしょう。

▍機械学習とディープラーニングの違い

　機械学習ってどんなふうに学習するのかイメージが湧いたと思います。この程度ポイントを押さえておけば、飲み屋で「人工知能ってよくわかんない」って言う女性にわかりやすく説明して「すごーい」って言われること確実です（妄想入っています）。まあ、実際はソルトのボトルをバリアンス、ペッパーのボトルをバイアスに例えて嬉々として説明した後、トイレから戻ってきたらもう彼女は別の席に移動していることでしょうが…。

　でも、奇跡的にまだ席にいてくれて「機械学習（Machine Learning）と深層学習（Deep Learning）はどう違うの?」ってまじめに質問を受けたとしたら、どう答えればいいのでしょうか。

　インターネット上のあちこちに見かける解説で言えば、「機械学習 ⊃ 深層学習」です。え、なんだっけその記号って声が聞こえてきそうですね。⊃ は学校の数学の授業で習った部分集合で、「深層学習は機械学習の一部である」ということです。他の例をあげれば「スポーツ ⊃ トラック競技」や「料理 ⊃ 煮物」という感じです。

　でも、集合関係だけわかっても本当の違いを説明できませんね。彼女がこの

説明で満足してくれなかったとします。ここからがモテるかどうかの本当のポイントです。順序を変えてもう一度質問します。「深層学習（Deep Learning）は機械学習（Machine Learning）と何が違うのでしょうか」

この質問に対してわかりやすく答えるために、まず"スポーツとトラック競技の違いは何か"の答え方を考えてみましょう。その場合は「あらゆるスポーツの中で、競技場のトラックで行われる陸上競技がトラック競技」という感じの説明になります。トラック内のフィールド競技や競技場外のマラソンは含まれないことも付け加えれば完璧な解答となります。

つまり機械学習とディープラーニングの違いを説明するには、ディープラーニングが他の機械学習とどう違うかを理解する必要があります。集合関係だけで分かったような気になっていてはだめなのです。そして、そのためにはニューラルネットワークの構造を理解する必要がありますので、まずはニューラルネットワークについて説明します。

ニューラルネットワークとは

人間の脳は、ニューロン（neuron）という神経細胞のネットワーク構造となっています。ニューロンから別のニューロンにシグナルを伝達する接続部位のことをシナプスと言い、ニューロンはシナプスから電気や化学反応のシグナルを発信して情報をやり取りします。そして、ニューラルネットワークは、**図4-7**のようにこうした人間の脳の仕組みを模倣したネットワーク構造となっており、これが現在の人工知能（昔は人工頭脳とも言っていましたね）のモデルです。

ニューラルネットワークは、入力層から入った信号がさまざまなノード（丸の部分：ニューロンに相当、人工ニューロンとも言う）を伝搬して出力層に伝わる仕組みになっています。これは、神経細胞のニューロンを通じて信号が伝搬する仕組みと同じです。入力層と出力層の間の中間層が隠れ層で、これが何層にも重なっているものが深層学習です。

ノードとノードを結ぶ線の接続部分がシナプスに相当します。図では線の太さは同じですが、実際は太さが違います。この線の太さ（情報伝搬しやすさの違い）のことを重み（weight）と言います。

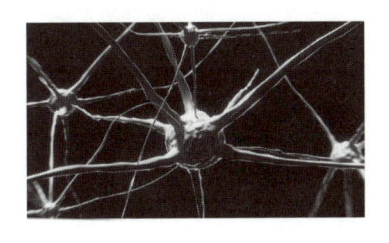

ニューロン

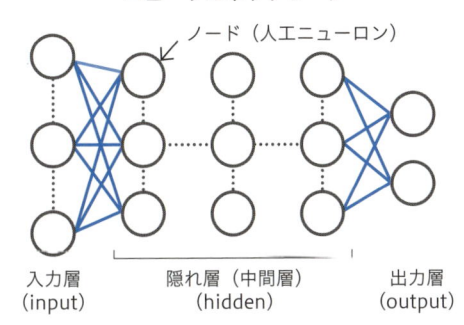

ニューラルネットワーク

ノード（人工ニューロン）

入力層
(input)

隠れ層（中間層）
(hidden)

出力層
(output)

図4-7：ニューロンとニューラルネットワーク

シグモイドニューロン

　重みについて、**図4-8**の例を使ってもう少し説明しましょう。あなたは友達から「明日、焼肉に行こう」と誘われました。最近、金欠病のあなたがOKと返事するかどうかの判断に影響を及ぼすファクターは次の3つだとしましょう。

・値段が高くない（w = 4.3）
・店が遠くない（w = 1.3）
・麻里ちゃんが来る（w = 7.14）

　このとき、各ファクターの重要さ（重み）は均等ではありません。あなたにとっては、麻里ちゃんが来ることが一番重要で、次が値段、そして近さの順番で優先順位があります。人工ニューロンには閾値（バイアス）があり、この閾値を超えると信号が伝わって発火（スパイク）します。図のように閾値が6.2だとすると、「麻里ちゃんが来るならば高くても遠くても参加」ということになります。

　久しぶりに焼肉もいいなって思ったとたん閾値は5に下がります。今度は、"価格要素" ＋ "距離要素" の値が5.6で閾値を超えるので、「麻里ちゃんが来る、

または来なくても、高くなくて遠くなければ参加」と発火の可能性が高まります。「個々のファクターの重み VS. バイアス」ではなく、「Σ個々のファクターの重み VS. バイアス」となる点に注意してください。

この例では3つの入力と1つの出力で書いていますが、実際には"おいしい"、"少人数"、"断ると気まずい"など入力ファクターは多数あり、人はそれらをΣで積み上げて総合的に判断しているわけです。また、出力も「参加」「断る」のほかに「返事を保留」など複数の選択肢があり得ます。

このように重みと閾値（バイアス）により信号が伝わるモデルのことをパーセプトロンと呼びますが、これは最近ではシグモイドニューロンとも呼ばれています。

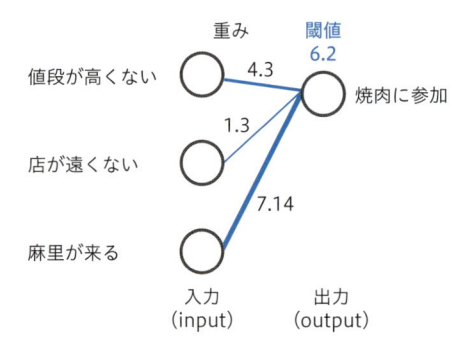

シグモイドニューロン（人工ニューロン）

図4-8：シグモイドニューロンモデル

シグモイドニューロンの階層

　さて、もう少しリアルに考えてみましょう。毎日の生活では、**図4-8**のように入力と出力からなる単純なモデルは多くありません。本当に麻里ちゃんが来るのかどうか分からない状況で、どう返事をしようか迷うことは多いでしょう。それに対応するために層を1つ増やして3層にしてみたのが**図4-9**です。麻里ちゃんが（たぶん）来ると判断するファクターとして次の3つが追加されています。

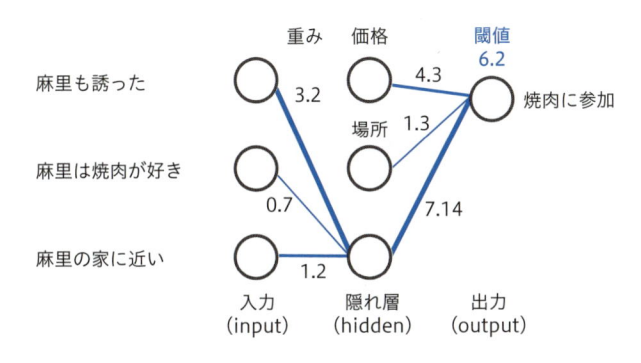

図4-9：多層パーセプトロン

・麻里も誘った
・麻里は焼肉が好き
・麻里の家に近い

　麻里が来るというノードが発火するための閾値を5とした場合、3つのファクターの合計がかろうじて閾値の5を超えるので、たぶん麻里ちゃんが来ると総合判断して「参加」と答えることにするわけです。このあたりまでは多層パーセプトロンと呼ばれている領域です。

　もっと複雑な思考回路に対応するにはさらに層を増やす必要があります。例えば、実際は恥ずかしいので「麻里ちゃんも誘ったか」と聞けなかった場合、**図4-10**のようにもう1層足して次のようなファクターにより「麻里も誘った」の可能性を判断するわけです。

・友人の彼女の玲奈ちゃんと麻里は仲がいい
・玲奈ちゃんは来るみたい
・2ヶ月前のカラオケでも友人は麻里を誘った

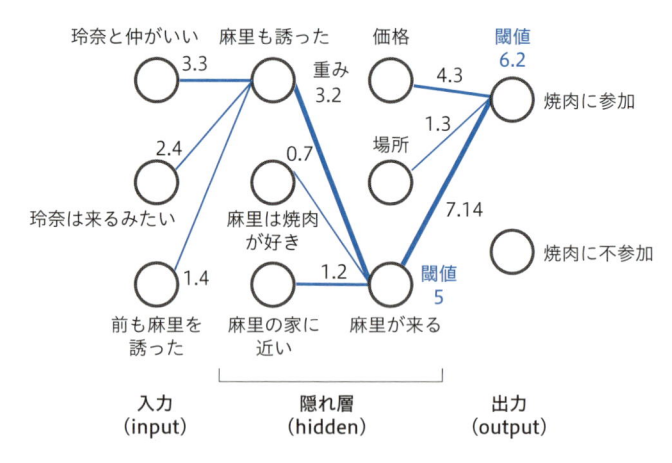

図4-10：3階層のニューラルネットワーク

さて、ここまで構造を理解するとようやく機械学習と深層学習の違いについて説明できます。先程のトラック競技の言い方を借りれば、「ディープラーニングは、あらゆる機械学習の中で隠れ層(Hidden Layers)が多層化して深くなっているもの」ということになります。

なお、実際のニューロンはきれいに階層で分かれているわけではないのですが、ニューラルネットワークではこのように層に分けることにより行列演算処理をしやすくしているのです。

▌ 誤差逆伝搬（Back propagation）

この解説でようやく納得してくれた彼女が、さらに追加で次のような質問をしてきました。

「深層学習ではどうして頭が良くなってゆくの?」。

話が盛り上がるのは嬉しいのですが、素直な質問は本質を問うものなので、こちらの理解度を試されることにもなります。 この素朴な疑問に対する答えが誤差逆伝搬（バックプロパゲーション）です。え、なんだか難しそうな言葉ですが、彼女をキープするためにはわかるように説明しなければなりません。

これは、一言で言えば「責任の所在を明らかにして、信頼を下げる」です。ここで言う責任が「誤差」で、信頼が「重み」です。 さきほどの**図4-10**を使って説明しましょう。あなたが焼肉に参加したのに期待はずれ（期待との誤差が大きい）だったとしましょう。その原因が思ったよりも価格が高かったことにあれば、「価格が高くない」の重み（信頼性）を減らします。

そうではなくて、麻里ちゃんが来なかったというなんとも悲しい現実だったなら、あなたは「麻里が来る」の誤差原因を"激しく"追求します。なんと実は友人はそもそも麻里ちゃんを誘っていなかったのです。それはないだろうってことで、今度は「麻里も誘った」という誤差（思い違い）を追求します。驚くことに実は今回は玲奈ちゃんも来なかったのです。なんだよ「玲奈ちゃんは来るみたい」がそもそも間違っていたんじゃないか…。

このトヨタのなぜなぜ5回（トラブル発生時にその原因を掘り下げてゆくトヨタの分析手法）のような原因分析（誤差伝搬）により、各層での犯人（原因）がわかり、その犯人への信頼度（重み）を少し下げるわけです。そして、次からは「玲奈ちゃんは来るみたい」「麻里も誘った」「麻里が来る」という話を今回より少し信用しなくなるというのが学習により頭が良くなる仕組みなのです。

Input LayerからOutput Layerに向けた情報の流れが順方向（順伝搬）なのに対し、上記のように誤差（見込み違い）をOutput側から順に遡るので、これを誤差逆伝搬と言うわけです。

品質不良が発覚した際に原因を遡って分析し、悪かったところを改善してミスが発生しにくい体質になるのと仕組みがよく似ていますね。同じような原理で、誤差逆伝搬を繰り返すことでニューラルネットワークは賢くなってゆくのです。

ニューラルネットワークは階層構造

：せんぱーい。それ、なんですか。

：（ギクっ）。あ、これはニューラルネットワークのモデル図だよ。

：なんで図を縦にしているんですか。

：ほら、横向きだと気付きにくいけど、90度起こして下から上に順伝搬するようにしてみると、ニューラルネットワークが階層構造だってことがわかるだろう。

：あ、ほんとだ。縦にしてみると、今度は会社組織が思い浮かぶわね。

：えっ!?

：ほら。会社でトラブルが発生したときに、社長の指示で取締役に原因を追求させて、取締役から部長、部長から課長へと原因追求がされていって、トラブルの原因になった人たちは信頼を失っていく悲しいストーリー

が思い浮かばない？

：ふぅ〜。なんでわざわざそんな痛い想像が思い浮かぶんだろうね。

：あ、ところで先輩、なんでさっきギクってなったんですか。まさか、また飲み屋でこの図を縦にしてモテようなんて企んでいたんじゃないでしょうね。

：ま、ま、まさか…（ドキっ）。いやぁ、たまには麻里ちゃんに焼肉ごちそうしようかなって思っていただけだよ。

：え、本当ですか。やったぁ、嬉しいです！じゃあ、玲奈ちゃんも一緒に誘っていいですかぁ。

機械学習アルゴリズムとディープラーニングの違い

さて、これで機械学習とディープラーニング（深層学習）の違いは次の2つだと分かったから、もうばっちり麻里ちゃんに説明できるぞ〜。

定義1：ディープラーニングは、機械学習の一部である。
定義2：ディープラーニングは、機械学習の中で隠れ層が多層化して深くなっているもの。

な〜んて思うのはまだ早く、実は最も重要なのに「機械学習⊃深層学習」の説明により見落とされがちな次の定義があるのです。

定義3：機械学習はルールベースの計算で、ディープラーニングはブラックボックス。

これを説明するために、今度は観点を変えて学習方法の違いに着目してみます。機械学習は、学習のアルゴリズムが数式で表され、どのようなロジック

でその結果が導き出されたかが明確です。一方、ディープラーニングは、**図4-11**のように基本的にAIがどのようにしてその結論を導いたかはブラックボックスです。

　これ、慣れないと気持ち悪いのでしょうね。ときどき、「どういうロジックで結果を出すか分からないからディープラーニングを使わない」などとバカげた発言をする人がいてびっくりします。どうして、そんなことにこだわるのでしょう。例えば、自分の子供が成長とともに、食べられるものと食べられないものを見分けらるようになったとき、子供が何をどう判断したかなんて分かるわけありません（当の本人も無意識です）。

　大切なのは、間違わずに見分けられるかという結果であって、アルゴリズムは理解不能と割り切ればいいのです。つまり、機械学習は数学であり統計学ですが、**ディープラーニングは相手が人間のようなもの**と考えて対峙することが肝要なのです。

　従来、機械学習ベース（ルールベースのアルゴリズム）で行われていた異常検知や分類、回帰などの処理の多くが、ディープラーニングベースに置き換わ

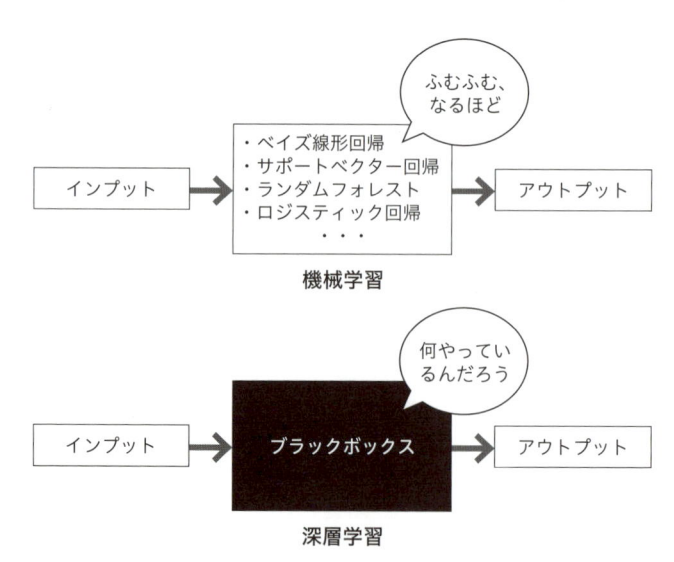

図4-11：深層学習は納得感がない

りつつあります。まだまだ機械学習ベースの方が優れている処理も多く、すべてがディープラーニングに置き換わる訳ではないのですが、いろんな処理がディープラーニングベースに塗り替えられていきそうです。

＊　＊　＊

　さて、本章を読んでだいぶ焼肉を食べたくなりましたね。ここでは、機械学習が学習処理と判定処理に分かれること。深層学習で使われるニューラルネットワークが脳の構造をモデルにした階層構造になっていて、重みと閾値の関係で信号が伝わること。そして、そもそもディープラーニングがどうやって賢くなってゆくのかのメカニズムに、トヨタのなぜなぜ5回があるっていう衝撃の事実も理解できたことと思います。

第 5 章

機械学習の学習データ

人が効率的に勉強をするためには、良い教材が必要です。そして、ディープラーニングの教材といえば学習データです。本章ではその学習データの量と質に焦点を当てて解説します。また、後半ではダウンロード可能な一般物体識別データセット「ImageNet」と「学習済モデル」、そして ILSVRC について説明します。

学習データはどれくらいの量が必要か

　ディープラーニング（深層学習）には大量の学習データが必要とよく言われています。そして、Google や Amazon、Facebook などの AI ビッグカンパニーは世界規模でデータを持っているし、中国は国内だけで膨大なデータがあるので日本は絶対にかなわないなどと言う人もいます。

　でも、巷でみんながそう言っているからって鵜呑みにしているだけと感じることもあります。どれくらい本当に分かって言っているのでしょうか。例えば、麻里ちゃんが次のような素朴な質問を投げかけてきたら、どう答えればいいでしょうか。

「花の写真の中からバラを認識する分類器を作るのには、どれくらいの枚数の写真が必要ですか」

　ニューラルネットワークは人間の脳の模倣ですが、逆に人工知能を考える際に**人に置き換えて考えるとイメージが湧く**こともよくあります。人間がバラの花を学習するイメージを想像してみてください。いろいろな花の写真を学習するうちに、これはバラ、これはバラじゃない、とだんだん分かってくるわけです。全部バラの写真ではいけません。ボタンやユリなど他の花の写真も見せてこれはバラじゃないと教えなければ、バラ独自の特徴点を見つけられません。

バラは品種が極端に多くて難易度は高いのですが、それでも 1000 枚くらい写真を用意してそのうち 50 枚くらいバラがあれば、そして 20 回くらい繰り返して学習すれば、普通の人なら覚えられそうですね。

AI 君もそんなに違わないです。上記のようなデータを用意して 20 回くらい繰り返して学習すれば普通のバラは 80% 以上の正解率で認識できるようになります。ただし、これは次章で説明する水増しや転移学習などの少量データで学習できるテクニックを使った場合です。以前は大量の学習データがないとダメでしたが、最近は少量データで学習できるようになったのです。

もちろん、もっと大量のデータで学習すれば、ちょっと変わったバラも「あ、これもバラだ」と認識してくれるようになります。逆に今まで間違ってバラと思っていたお花も「こういうやつはバラじゃないんだよな、あぶねぇあぶねぇ」って分かってくれるようになるわけです。

ただし、学習データ量に比例して正解率が高まるわけではなく、追加するデータ量に対して正解率が高まる割合はだんだん小さくなり、最後にサチる（飽和する）ことになります。ソフトウェアの品質をある程度まで高めるコスト（時間）に対し、そこから完全にバグを取りきるまでのコストが大幅に膨れ上がる曲線にちょびっと似ています。

人間の場合は、長い人生の中でいろいろなバラに出会って少しずつ正解率が高まって "花に詳しい人" になるわけですが、人工知能はその分をいっきに、疲れたとか休ませてとも言わずに学習します。そういう意味では、やはりデータ量が多い方が有利ではあるのですが、ある程度の合格レベルまで学習させられるデータがあれば十分スタートが切れます（あとはアクティブラーニングで賢くなってもらえばいいのです）。

学習データの品質とは？

：学習データは量よりも品質の方が大切なんだ。特徴点がわかりやすいデータで学習させれば上達が早いのは当然だけど、逆に品質の悪いデータを学習させると正解率が下がってしまうんだ。

：品質の良い、標準的なバラの写真だけで学習したら、いろいろなバリエーションのある本番に弱い分類器になってしまわないの？

：うっ！（どう答えればいいのだろう…）

：確か、以前、過学習と汎化誤差って出てきたわよね。汎化性能を上げるには、いろいろなデータを学習させた方がいいんじゃないの？

：え〜と。それはだなぁ…。あ、麻里ちゃんの質問には誤解が含まれているんだ。「品質の良い＝標準的な」としているけど、品質の良いとは標準的なという意味ではないんだ。

：というと？

：変わったバラであっても、それが現実に存在するバラであれば学習させてバラと認識させるのはもちろん良いことなんだ。

：じゃあ、写真の映りが良いかどうかってこと？

：う〜ん、惜しい。正解に近いけど、そう思うのもちょっと早合点かな。人間が見て判断できるような写真であれば、多少汚れていても、多少ピントがぼけていても、アングルが悪くても、それは学習させるべき品質の良いデータと言えるんだ。

：う〜ん、分かんない。それじゃあ品質が悪いってどういうデータなの？

：うん、ここで言う品質が悪いってのは「人間でも判断ができないような」という意味なんだ。例えば、遠景の写真でなんだか判別できないものとか、光や構図の関係でどう見てもボタンに見えるとか、人間が間違うような写真に対して「これはバラです」というラベルを付けて学習すれば、分類器は「こういうのもバラなんだ」と誤って覚えてしまうだろ。

：なあるほど。先輩がしょっちゅう適当なこと教えるから、私の仕事の精度が下がってしまうのと一緒なのね。

：えっ。それまた誤解だよ〜！

データクレンジング

　女性なら誰でも知っているクレンジング（Cleansing）という言葉は、実は洗顔の前に化粧を落とす意味の和製英語です。一方、**データクレンジング（Data Cleansing）**は海外でも一般に使われている英語で、**図 5-1** のようにデータを利用する前にデータを変換・整理したり不適切なデータを除去したりする前処理を意味します。

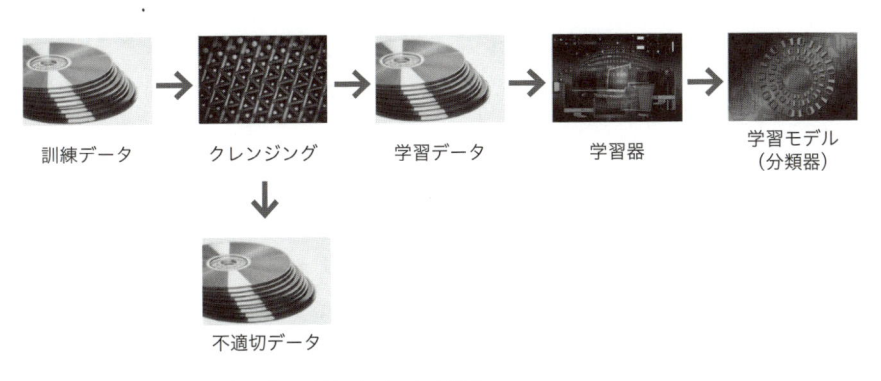

訓練データ　　　　クレンジング　　　　学習データ　　　　学習器　　　　学習モデル
　　　　　　　　　　　　　　　　　　　　　　　　　　　　　　　　　　（分類器）

不適切データ

図5-1 ：データクレンジングで不適切なデータを除去

　データクレンジングではどのようなことに注意すべきでしょうか。不適切なデータとはどのようなデータを言うのでしょうか。画像認識を例にして、クレンジングのポイントをまとめてみました。

・人間でも判定に困るデータは食わせない

　一概に単に写りが悪いからと言って悪いデータとは限りません。実際のデータで写りの悪い画像を判定する必要があれば、次章で説明する "水増し" などの技術を使ってきちんと学習する必要があります。ただし、人間でも判定できないような画像は AI でもうまく特徴点を見つけられません。そのような画像データで学習させると悪い影響を与えることが多くなります。

・誤ったオブジェクトが対象になっていないか注意

例えば顔認証させているつもりなのに、AIは背景にある時計を対象にしていた、というようなミスマッチはよく起こります。きちんと対象オブジェクトを検出しているかチェックして、トンチンカンに検出しているデータは正しく検出できるように調整するか削除します。

・間違ってラベル付けしない

間違ったことを教えれば当然間違って覚えます。人が手間をかけて準備したデータではあまり起こらないと思いますが、どこかにあるデータをインポートして学習データに使う場合はこうしたミスが起こり得るので注意してください。

・間違われやすいデータも学習する

AやBがよくXに間違われるという場合、AやBの学習よりもXを正しく学習させる方が効果的な場合もあります。つまりAやBのデータだけでなくXの学習データも十分に必要となる場合があるので、Xのデータを十分確保できるかも考えてください。

・未知（本番）データもクレンジングする

画像認識の学習では、画像のサイズや向きなどがバラバラだと学習しにくいので、これらをクレンジングしてできるだけ揃えます。もし、これから判定する本番データにも同様のデータがある場合は、それらも自動クレンジングしてから判定させる処理が必要となります。

・未知（本番）データを意識する

本番のデータがどのような画像なのかを意識して学習させます。例えば、製品の外観検査なら大きさが一定の画像となるでしょうが、消費者がネット上にアップする画像ならサイズや角度、鮮明度などもまちまちです。世の中にある学習済みモデルは、特徴点を検出しやすいように少しずつ角度をずらして画像を撮ったりしています。自分で学習させる場合も、場合によってはそのような

配慮が必要です。

データクレンジングの自動化

　品質が悪いデータを分類器に食べさせてはいけません。そのため、収集したデータの中から品質の悪いデータを取り除くデータクレンジングという処理をした上で学習データとして使います。

　しかし、実はこの作業が結構たいへんです。"品質が悪い"が「人間でも判断ができないような」という基準だとすると、**人間が判断できるかどうかを判断する**という作業になり、なかなか選り分け作業をロジックで自動化できません。

　あれ、今書いた"選り分け"って別の言い方だと"分類"ですね。人間ぽい分類作業を自動化するって…、そう、これは人工知能の得意な領域ですね。ということは分類器に食べさせるためのデータのクレンジングに、分類器自身を使う方法もありそうです。分類器は、判断結果に対して信頼度をパーセントで添付します。それを利用して、信頼度が極端に低い結果の場合はどうせ食べさせてもろくな結果にならないとして除外すればいいのです。

　バラの画像識別の場合、この作戦の手順は次の通りになります。**図 5-2** と合わせて見てください。

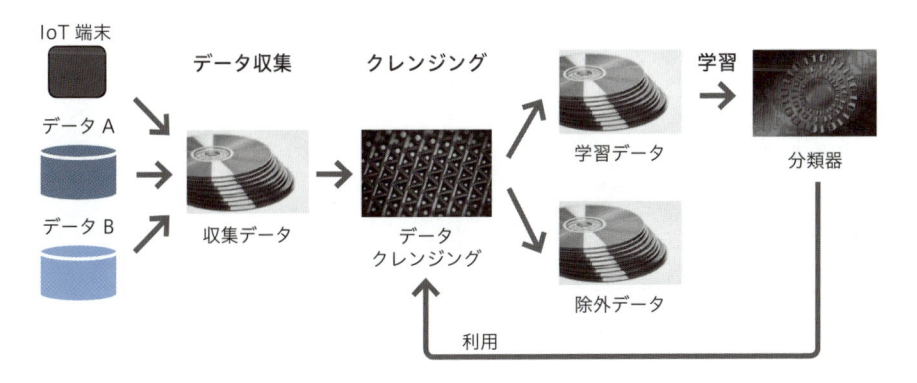

図5-2：データ収集とクレンジング

①人間がクレンジングしたデータで、ある程度バラの認識を行える分類器を作成する

②残りのデータに対して、その分類器を使って、確信度による"品質が良い／良くない"を選り分ける処理を行う

③品質が良いデータだけを使って、その分類器の学習を続ける

④追加の学習データがあれば、②の手順に戻ってループする

作戦名は「最初の子供は手間がかかるが、下の子は上の子が面倒を見てくれるので楽ちんになる」です。え、長いですか。では、**"First child's present"** でどうでしょうか。

手間は別途かかりますが、バラ認識の分類器を兼用するのではなく、データの品質の良し悪しだけを判断するクレンジング専用分類器を作成すればより効果が高められます。こちらは2番めの子が3番目の子の面倒を見てくれる作戦なので、**"Second child's present"** とでもしておきましょう。

▌学習データを用意する方法

現在、多くの人が「AIを使って何かをやりたい」と考えています。本来は「これをやりたいのでAIを使う」という順番で考えるべきですが、今の局面は"人工知能の活用"を先に考えても良いと思います。

AIを使って何かやろうと考える場合に心得ておくべきことは次の3つです。ここでは、1番目のポイントである"どのようにして大量データを用意するか"について考えてみましょう。

①データの準備、クレンジングが大変

②目的とデータに合ったアルゴリズムがある

③トレーニングにかなり時間を要する

一般に学習データを用意する方法としては、**図 5-3** のような手段が考えられ

ます。

(1) 自社のデータを活用

(5) インターネットでスクレイピング

(2) 地道に学習データを入力

(4) 公開されているデータ（有償 / 無償）を利用

(3) 世の中にある学習済モデルを利用

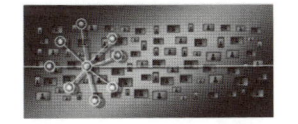

図5-3 ：学習データを用意する方法

(1) 自社のデータを活用する

　既に自社の中にそれなりのデータがあるので、これらを使って有益なことを
やれないか。まずは、そういう発想で AI を活用することを考えるのが基本で
しょう。

(例1) 小売業の需要予測

　3 年間の販売データのうち、2 年分で学習して直近 1 年間の需要予測と実績
の近似性を確認します。このとき、(4) の公開されている気象庁のデータなど
も組み合わせます。因子要因をきちんと把握して近似性が高くなれば、今後の
需要予測に使えます。

(例2) 製造業の品質検査

　過去 4 年に発生した品質不良品のデータが一定量あるならば、そのうちの

80% と正常画像を混ぜて教師あり学習を行います。そして残り 20% をテスト
データとして判定精度を確認し、認識精度が高ければ今後の自動品質チェック
に利用できるようになります。

(2) 地道に学習データを入力する

これまでは AI を意識しないで運用していたわけですから、最適なデータが
ある方が稀です。でも、AI を使って何かやる想定ができたなら、必要なデー
タを取得していく仕組みを作ることができます。すぐに利用できるデータがな
い場合は、手動または自動で学習データを地道に作成していくという正攻法し
かありません。

(例) パーソナルアシスタント

自社で蓄積したナレッジへの問い合わせ回答を行うパーソナルアシスタント
を作成する際に、まずは地道に応対の言葉、業界用語、自社製品などの言葉を
教えます。アクティブラーニングも組み合わせて学習させ続けるうちに、少し
ずつ応答が高度化され役に立つ存在になっていきます。

(3) 世の中にある学習済みモデルを使う

画像認識や自然言語理解などでは、さまざまな学習済みモデルが用意されて
いるので、これらを使わない手はありません。イチから学習させる場合におい
ても、学習済みモデルを使った転移学習を使えば少ないデータで学習できます。

(例1) 作業場所での点呼

AI プラットフォームが提供する顔認証を使えば、人物をすぐに覚えてくれ
ます。顔写真を AI（分類器）に覚えさせることにより、いちいち点呼を取ら
ずとも誰が出勤しているか一瞬で記録できます。

(例2) 顧客の問い合わせ対応

AI プラットフォームが提供するチャットボット作成サービスを使えば、自
然言語処理技術によってよくある質問（FAQ）に対して AI が自動応答してくれ

るような仕組みを作ることができます。

(4) 公開されているデータ（有償／無償）を利用する

人工知能の活用方法のうち、予測（Prediction）では一般に自分たちのデータだけでなく、過去の市場のデータや気象のデータなどを利用して学習します。

（例）イベントの来場者予測

過去のイベント来場者データに気象庁が公開している気象データや Twitter が提供しているつぶやきのデータを重ね合わせて因子要因を見つけ出し、今後のイベントの来場者を予測します。

(5) インターネットでスクレイピングする

スクレイピングとは、インターネット上の各サイトをクロール（順繰りに Web サイトにアクセス）して、サイト上の情報を抽出するソフトウェア技術です。

（例）ナレッジデータベース作成

インターネット上のホームページをクロールして、欲しい情報をテキスト解析して取得するようなスクレイピングでナレッジデータベースを作成します。

❙ ImageNet と ILSVRC

音声認識や自然言語理解などさまざまな人工知能応用分野の中で、画像認識は AI が最も得意としている分野です。その発展に大きく役立ったのが **ImageNet** です。ImageNet とは、2010 年に発足したコンソーシアムが作成した「**一般物体認識データセット**」です（う～ん、英語は generic object recognition なのですが、日本語にすると私と同程度のネーミングセンスか…）。インターネット上の画像をかき集めて、これはライオン、これは自転車などと手作業でラベル付けしたデータセット（画像とラベルのセット）を作ったのです。

年々画像やクラス（ラベル）が増えてきて、現在では 2.1 万クラス、1400 万枚を超えるデータセットとなっています（うち、2 割くらいの画像はロストしているとも言われていますが）。2010 年からこのデータセットを使って 1000 クラスを認識する画像認識コンテスト（**ILSVRC**：ImageNet Large Scale Visual Recognition Challenge）も行われています。**図 5-4** で分かるように、2012 年に **8 層の畳み込みニューラルネットワーク**（**CNN**：Convolutional Neural Network）を使った **Alexnet** というモデルが圧勝したことが、今回のディープラーニングブームのきっかけとなっているのです。

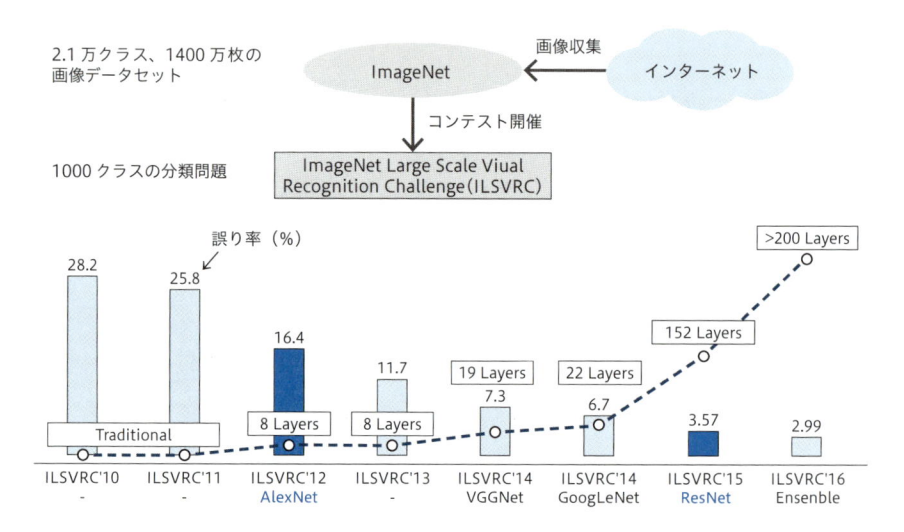

図5-4：ILSVRC の各年の優勝モデルと誤り率

　ImageNet は公開されていて、画像およびラベル（クラス）をダウンロードすることができます。ただし、インターネット上の画像データを拾ってきたデータなので著作権フリーというわけではなく、研究や学習用でなければ利用できません。

　ILSVRC はドラゴンボールの"天下一武道会"のような存在になり、毎年多くの新しいモデルが参戦して来て判定精度も年々向上しています。そして、こ

の大会を通して、VGGNet（2014年準優勝）やGoogLeNet（2014年優勝）、ResNet（2015年優勝）などの有名な学習モデルが出現しています。そして、それらのモデルの構造やパラメータがオープンソースとして公開されるようになり、これらは**学習済みモデル（Pre-trained models）**と呼ばれています。

コンテストの内容も少し変わってきて、2017年度は次の3つのタスクとなっています。

① Object localization for 1000 categories.

2012年から継続して行われている1000クラスのオブジェクト識別問題

② Object detection for 200 fully labeled categories.

2014年から行われている画像から200クラスオブジェクトを検出して識別する問題

③ Object detection from video for 30 fully labeled categories.

動画から30クラスのオブジェクトを検出して識別する問題

畳み込みニューラルネットワーク（CNN）の発展に大きく貢献してきたILSVRCですが、学習モデルの性能が向上するにつれて精度が向上する余地が少なくなり、トップグループの差が極めて小さくなりました。そして、もうこの狭い領域で競うよりも、もっと別の方向に力を注ぐ方がAI研究にとって健全だという声が強くなってきました。実はGoogleも2014年の優勝以来参加していません。そして、ついにILSVRCは2017年を以って終了することになりました。

なお、最後の2年は中国勢がとても強力でした。2016年は中国公安部がResNetを改良したモデルで①のタスクで誤り率2.99%を達成して優勝しましたが、この時、上位5チームの差は0.3%以内と非常に僅差でした。続く2017年も27チーム中半分以上を中国勢が占めて上位を独占しています。①のタスクではWWWという中国中心のチームが誤り率2.55%で優勝し、②のタスクでもDBATという中国中心のチームが優勝しています。

学習済みモデル（Pre-trained models）

現在、画像系でポピュラーな学習済みモデルには次のようなものがあります。Tensorflow や Pytorch などライブラリによって標準サポートしているモデルが違いますので、利用目的と使用するライブラリとの組み合わせでどれがいいか選んでください。

- Alexnet
- VGG11/13/16/ VGG19
- BNIncepion
- Inception-v3 /Inception-v4
- InceptionRestNetV2
- ResNet18/34/50/101/152
- ResNeXt101_32x4d/101_64x4d
- FBRestNet152
- MobileNet
- SqueezeNet1.0/1.1
- NASNet-A-Large
- DenseNet121/161/169/201
- Xception
- Places205

* * *

AI で何かやりたいけどデータがない。そういう泣き言をよく耳にします。確かに世の中、そんなに都合よくはありません。でも、AI を意識したならば、必要なデータを取得する仕組みを取り入れればいいのです。例えば目視でやっていた品質検査でも、品質が悪くてはじいていた不良品の画像を取るオペレーションに変更すれば、運用していくうちに不良品画像データが蓄積されていきます。やらない（やれない）ことの言い訳をする代わりに、どうしたらやれるかを考えていきましょう。

第6章

転移学習と過学習

ディープラーニングには大量の学習データが必要と言われてきましたが、実社会ではそんなにデータをそろえることができないという現実があります。そこで、ここにきて広まってきたのが**少ないデータで学習する「水増し」「転移学習」というテクニック**です。本章では、これらの学習方法と、その際に気を付けるべき過学習を防ぐ方法についても合わせて説明します。

少ないデータで学習する方法

この数年、少ないデータで学習する技術が急速に進化してきました。データ量が少なければ、データを集める労力、クレンジングの手間、そして学習にかける時間や負荷も大幅に節約できますし、なによりもともとデータ量がそんなにないけれど人工知能を利用したいというニーズに応えることができます。

現時点で、少ないデータで学習するための方法は主に3つあります。品質の良いデータを使うことについては前章で解説したので、ここでは残りの2つについて説明します。

　①品質の良いデータを使う
　②水増し
　③転移学習

水増し (Data Augmentation)

誰ですか、「水増し」なんてイメージの悪い日本語訳を付けたのは。水増しのもともとの英語は**"Data Augmentation"**で、直訳すると「データ拡張」です。

あれ、その直訳を知ると「水増し」ってのは案外 "言い得て妙" の名訳ですね。以前露呈した私のネーミングセンスとは、月とスッポンと脱帽せざるを得ません。

　水増しとは、**元の学習データに次のような変換を加えてデータ量を増やすテクニック**で、特にCNN（畳み込みニューラルネットワーク）などを使った画像処理で効果を発揮します。

- ・ノイズを増やす（ガウシアンノイズやインパルスノイズ）
- ・コントラストを調整
- ・明るさを調整（ガンマ変換）
- ・平滑化（平均化フィルタ）
- ・拡大縮小
- ・反転（左右／上下）
- ・回転
- ・シフト（水平／垂直）
- ・部分マスク（CutoutやRandom Erasing）
- ・トリミング（Random Crop）
- ・変形
- ・変色
- ・背景を差し替える（これはライブラリの機能ではなく別途作業）

　図6-1を例に説明しましょう。バラとボタンの花の画像が各々1000枚あったとき、通常なら学習データ各700枚、評価データとテストデータ各150枚ずつ配分するところを、学習データを4倍に水増しして各2800枚用意します。ここでは左右反転、コントラスト変換、位置ずらしの3パターンを用意したとしましょう。その結果を通常の認識率と比較して、認識率が高まっていれば "水増し成功" です。

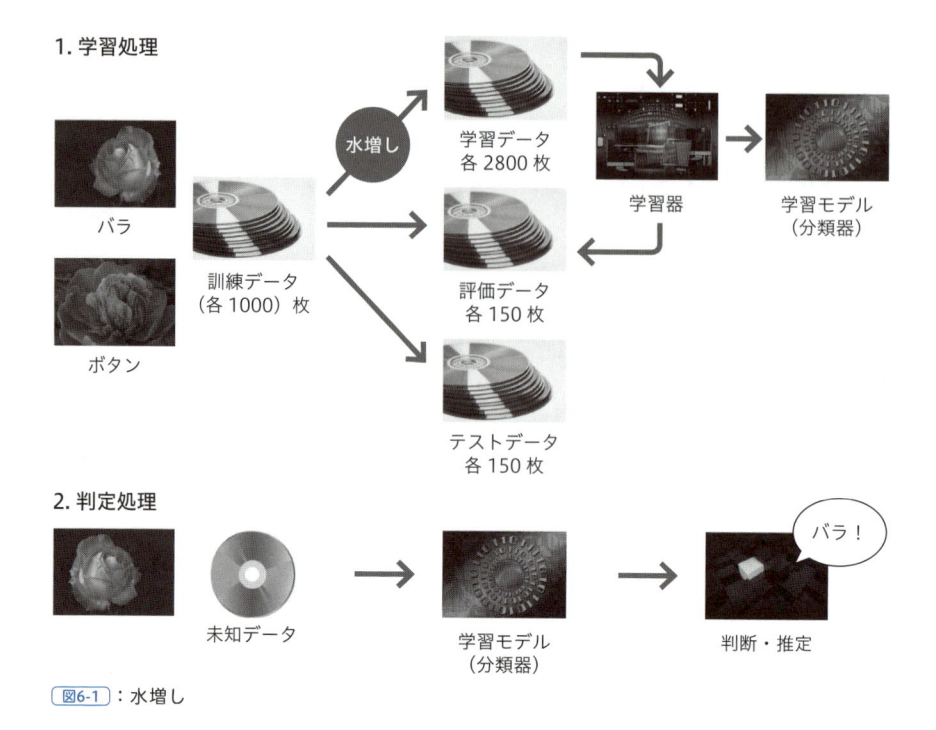

1. 学習処理

バラ

ボタン

訓練データ
（各 1000）枚

水増し

学習データ
各 2800 枚

学習器

学習モデル
（分類器）

評価データ
各 150 枚

テストデータ
各 150 枚

2. 判定処理

未知データ

学習モデル
（分類器）

判断・推定

バラ！

図6-1：水増し

　Keras や TensorFlow、Cognitive toolkit など最近のニューラルネットワーク・ライブラリにはこのような水増し機能が用意されています。学習に使う画像を用意する際の前処理として、ノイズを加える、輝度を下げる、明るさを減らす、平滑化、変形する、一部をマスクする、などきれいな画像を汚くして**ロバスト性**を高める水増しを行うこともできます。さらにライブラリによっては、学習の際にリアルタイムで水増しさせることもできます。

> **NOTE** **ロバスト性とは**
>
> 　ロバスト性とは、外乱や障害に強いという意味で、車に例えれば"悪路に強い"、人に例えれば"打たれ強い"ということです。画像認識においては、認識対象の画像がきれいに写っているものだけとは限らず、一部が隠れていたり、角度が悪かったり、かすれていたりします。本番データの画像品質が不安定な場合は、そんな画像でも認識できるロバスト性の高い分類器が必要となります。

水増しの注意点

　水増しを試行錯誤してみると、正解率が良くなる場合もあれば、逆に悪くなってしまう場合もあります。悪化してしまわないために気を付けるポイントを3つ挙げましょう。

(1) 過学習

　過学習(Over fitting)とは、特定の訓練データばかりで学習し過ぎて、分類器がそのデータだけに強い（一般のデータには弱い）ガリ勉くんになってしまうことでしたね。水増しは、もともとは同じ画像に変形を加えただけなので、見かけ上データ量が増えたとしても、オリジナルの持つ特徴点はそう変わりがなく、そのデータの特徴点だけに強いガリ勉君を作りやすいのです。水増しが少量データで学習できる有効な方法だとしても、ある程度のデータ量は必要となります。

(2) 品質が悪いデータ

　水増しした結果、実際にはあり得ないデータや人間が見ても判断できないデータになってしまったら、それこそ「品質の悪いデータを分類器に食べさせる」ことになってしまいます。例えば手書き文字認識にMNIST（Modified National Institute of Standards and Technology database）という便利なデータセットがありますが、これに対して左右反転や上下反転などの水増しをすると、麻里ちゃんから「アホ、わかってないな！」って笑われてしまいます。水増しの基本はあくまでもロバスト性を高めることと認識して、変形処理を行ってください。

(3) 本番データを意識

　クレンジングや水増しなどの前処理は、本番データを強く意識して行います。例えば、当社がホームページで公開している花の名前を教えてくれるAI「AISIA FlowerName」の場合、どのような本番データを意識するべきでしょうか。

　まず、前提として、花には、同じ花でも色が違っていたり、形が違っていた

りするものが多くあります。逆に違う花でも写真だけでは区別のつかないものも多く、花の認識はもともとかなり難易度の高いジャンルです。さらにこのサイトでは、一般の人が自分の撮った写真をアップする仕組みなので、画像のサイズや写っている花の大きさ、画像の品質、遠景近景、アングル、写真の向きがバラバラということが考えられます。

「AISIA FlowerName」では、このような多様なデータが想定されるので、それに対応できる水増しを行い、十分にロバスト性の高い分類器を作らなければならないことになります。

一方、工場の最終工程に流れてくる製品の品質検査の場合は、カメラで定点撮影した動画のサイズや品質は安定しているため、ノイズ付加や輝度削減などの水増しでロバスト性を高める処理をする必要がありません。かえって下手な変形をして実際に発生しないような学習データを作ってしまうと正解率が下がってしまいます。

このように水増しは本番データを意識して行う必要があります。例えば、輝度を変える水増しをする場合でも、闇雲に行うのではなく、本番データの各画素の輝度の分布でヒストグラム形状を分析しておいて、学習データを本番で存在するヒストグラム形状に近いように水増しするといった工夫が行われたりします。

転移学習 (Transfer learning)

画像認識における少量データ学習法として、水増しに続いて脚光を集めて今や常識となっている方法が転移学習です。転移学習とは、ある領域（ドメイン）で学習したモデルを別の領域（ドメイン）に使って、普通に学習させるよりも少ないデータで追加学習させる手法です。もっとわかりやすく言えば、**「あっちで学んだ学習済モデルを流用して、こっちの学習を少ないデータで済ます手法」**です。

もし、海外でもいいので花の名前を覚えさせた学習済モデルがあれば、それに日本の花を追加で教えてあげれば、簡単に日本の花の名前も分かる分類器ができます。誠に都合がいいのですが、そんなうまい話はそうないでしょうね。

転移学習は、このような類似のドメイン（花の名前）ではなく、別のドメイン（動物や乗り物など）のモデルを流用しても通用するというところがミソなのです。

　具体例で説明しましょう。2014年のILSVRC（画像認識コンテスト）で優勝した有名な学習済モデルに**VGG16**があります。これは13層の畳み込み層と3層の全結合層から構成されている畳み込みニューラルネットワーク（CNN）です。前章で解説したImageNetという大規模（現在、2.1万クラス、1400万枚）な画像データセットのうちから、コンテストのお題で出された1000のクラス（カテゴリ）を識別できるように訓練されています。

　1000のカテゴリには、ライオンやシマウマ、オットセイのような動物、トラクターやクレーン車のような乗り物、火山やサンゴ礁のような自然、など実にさまざまなものがあり、犬ならばマパニーズスパニエルとかボーダーテリア、シベリアンハスキーなどすごくたくさんの犬種を見分けてくれます（よほど犬好きな人がカテゴリを決めたのでしょうね）。

　なのに花に関しては非常に冷たい仕打ちで、バラ（rose）もなければユリ（lily）も睡蓮（lotus）もありません。なんと花（flower）というカテゴリーさえもないんですよ。それなのに、なぜかデージー（daisy）だけあるので、おかげで花の写真はなんでもdaisy（和名だとひな菊）と解答してしまいます（デージーに初恋の思い出でもあるのでしょうか）。　まあ、気を取り直してこのVGG16を使って花のデータを学習させてみましょう。すると、何もないところから花の識別を学習するより、ずっと少ないデータ量で認識できるようになるのです。

　その秘訣は、分類器がすでに画像認識に関して勘所を掴んでいるからです。1000カテゴリ、100万枚以上の画像を認識する訓練を行ってきたベテランであり、その修行過程において13層の畳み込み層と3層の全結合層の構成で、画像認識に適した重み付けが最適にチューニングされているので、少ないデータでも効率的に学習できるようになっているのです。人間に例えれば、和食の達人はイタリアンでもなんなく作れるようになるとか、将棋の強い人はチェスもすぐ上達するとかいう感じです。

転移学習の方法

　転移学習のやり方はいろいろありますが、典型的な方法を**図6-2**をもとに説明しましょう。転移学習の基本は、既存モデルが一生懸命学習した結果（重み付け）を頂いちゃうことです。つまり、誤差逆伝搬（第4章参照）を繰り返してチューニングされた**各ノード間の重み付け（weight）を再利用**するのです。

　図6-2では、VGG16の16層までを凍結（重み付けを変更しない）して、畳み込み層の最後の2層と全結合層で学習する方法を表しています。凍結（フリーズ）していない部分を再生成して、その部分だけで新たに花の画像を追加学習するわけです。デージーしか花の名前を覚えていなかった学習モデルですが、おそらく16層までの重み付けはいい塩梅だと想定してフリーズし、追加学習によって花の名前を出力層から取り出せる分類器を作るわけです。

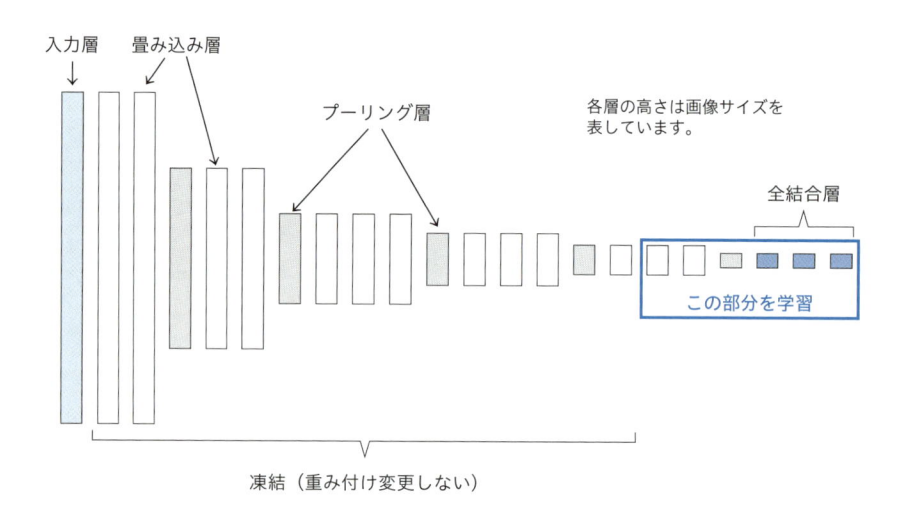

図6-2：VGG16を使った転移学習

　上記の「AISIA FlowerName」の場合は、VGG16よりも後で登場したResNet18という18層のモデルを使って転移学習で学習しています。1万8千枚の花の画像で1カテゴリー当たりたったの50枚程度しかない学習データでした

が、それでも257カテゴリー分の花を認識してくれるようになりました。当社ホームページの 「この花な～んだ」のページに簡単な技術解説を公開していて、花の画像をアップすればAISIAちゃんが名前を教えてくれますので、どうか試してみてください。

転移学習で何層までフリーズするかは指定できますので、もっとフリーズ範囲を増やして、全結合層のみ変更して学習させる方法もあります。上記に比べると多少精度は落ちますが、学習時間を短くすることができます。

過学習を防ぐ技術

人間にエゴや業（ゴウ）があるように、機械学習には過学習というものがついて回ります。宿命というか定めなのです。そのため、最近のニューラルネットワークライブラリには、過学習を防止するための機能がいくつか用意されています。ここではその中から、代表的なものを3つ（①正則化、②ドロップアウト、③K分割交差検証）紹介します。

正則化 (Regularization)

過学習の原因は、特定の学習データに最適になるように学習し過ぎたため、未知のデータに対する誤差（汎化誤差）が逆に上がってしまうことでしたね。これを防止するための正則化とは、一言でいえば「極端だと思われる意見は聞かないようにする」ということです。つまり、モデルを複雑にする重みにはその量に応じたペナルティを与えて、モデルが複雑にならないようにすることです。

正則化は、一般に次の2つが用いられており、この2つを組み合わせる場合もあります。 今時のニューラルネットワークライブラリには、こうした正則化のパラメータを指定できるようになっています。ただし、むやみに正則化を使おうとすると逆に学習不足(Under fitting)となって精度が落ちることもありますのでご注意ください。

L1ノルム正則化(Lasso回帰)：極端なデータの重みを0にする

L2ノルム正則化（Ridge回帰）：極端なデータの重みを0に近づける

> **NOTE：** **回帰分析とは**
>
> Lasso回帰やRidge回帰などの言葉が出てきたので、ここで回帰について簡単に説明します。回帰分析を一言で言うと「たくさんのデータをプロットしたときに、その関係性を表す線（関数）を見出すこと」です。直線（1次関数）で表すのが線形回帰ですが、**図6-3**のように2次関数以上の曲線で表すのが非線形回帰で、その線を回帰曲線と呼びます。関係線が見つかれば、未知のデータXに対するYの値が予測できるわけです。
>
> なお、ノルムとはベクトル空間における距離の概念です。この図で言えば、回帰線とプロットした点との距離がノルムになります。

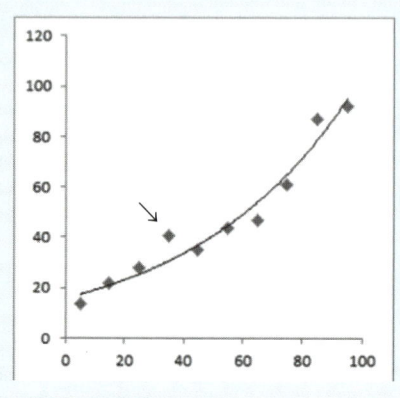

図6-3：回帰曲線

正則化と回帰の違い

 ：正則化は通常の回帰と何が違うの？

 ：へっ!?いきなり、なんちゅう質問するんだよ。びっくりしたなぁ、もう…。

 ：あれ、わからないんですか〜？

：わ、わかるさ。え〜と…、通常の回帰はデータとの誤差（プロットと線との距離、つまりノルムね）を縮めるように計算されるんだ。この場合、ノルムの大きさにかかわらずプロットは同じ影響度なんだ。

：ふ〜ん。

：正則化はそれに加えて誤差に応じてペナルティ（重みを0にする、または0に近づける）を与える点が違うんだよ。

：ペナルティねぇ…。

：**図6-3**で言えば座標（38,41）にあるプロット（矢印）は回帰曲線から離れている（極端だと思われるデータ）ので、ペナルティを与えて影響度を小さくするって感じ。

：あ、なるほど。不祥事を起こす会社にありがちな「自社の常識、世間の非常識」のようなもので、非常識なことを声高に言う幹部やスタッフを鵜呑みにして判断をミスってはダメってことね。

：えっ、う〜んと…。まあ、そんなもんかな。通常の回帰では非常識な意見も平等に聴くわけだけど、正則化の場合、非常識の度合いに応じて無視したり（L1）、話半分に聞いたり（L2）するってわけよ。

：あ、私がいつも先輩にやっているのがLasso回帰やRidge回帰ってことね。さすが先輩、よくわかりました。

：おいおい、disってるよね、絶対に…。

■ ドロップアウト（Drop out）

ドロップアウトは、**図6-4**のように「**ランダムにノードを非活性にして学習する**」処理です。**図6-3**の回帰曲線で言えば、全プロットをもとに線を引く代わりに、ある程度間引いたプロットに対して回帰線を求めるようなイメージです。

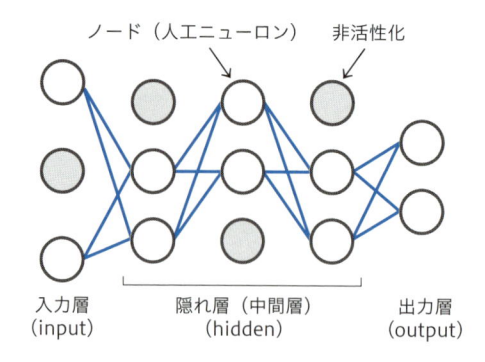

ニューラルネットワーク

ノード（人工ニューロン）　非活性化

入力層　　隠れ層（中間層）　　出力層
(input)　　　(hidden)　　　(output)

図6-4：ドロップアウト

　過学習はデータが多すぎるというイメージから、なんとなく間引くといいのかと思いがちですが、そういうあいまいな理解でいるとまた麻里ちゃんが鋭い質問を投げかけてきます。

「なぜ、間引くと過学習を防止できるの?」

　うっ、また答えに詰まってしまいそう。この質問に答えるための重要なポイントをわかっていない人は、案外少なくないかもしれません。ヒントは、**機械学習は同じ訓練データで何回も学習を繰り返す**ことにあります。

　例え話で説明しましょう。職場に麻里ちゃんがいたとしましょう。毎日顔を合わせているので、麻里ちゃんが "てきぱき働く明るい子" だというのは十分わかっています。自分は誰よりも彼女のことをよく理解しているとさえ思っていました。

　でも、ある時K-POPコンサート会場でばったり会ったら、てきぱき働くという強いノードが非活性化されていて、ファンキーでぶっ飛んでいる彼女がそこにいました。お、こんな一面もいいねぇって感動したあなたが、この貴重なチャンスを逃がさないぞと決意して、人生最大の勇気を出してデートに誘い成

功したとしましょう。次の週にデートで一緒に美術館に行ったときは、今度は結構奥手で甘えっ子な一面が垣間見えました（また、少し妄想モードか）。

　どんな彼女も全部彼女そのものです。近くでずっと職場の麻里ちゃんを見続けていたのに、自分は彼女の何を知っていたのでしょう。彼女のいろいろな面を知った今こそ、「僕は本当の麻里をよく知っている」と心から思えるわけです。

> **NOTE：アンサンブル学習（Ensemble learning）**
>
> 　アンサンブル学習とは、個々に学習した複数の学習器を融合させて汎化能力を高める機械学習の技術です。例えば、機械学習でよく使われるランダムフォレストは、複数の決定木（デシジョンツリー）の結果を平均化する**アンサンブル学習**を用いた手法です。
>
> 　ドロップアウトは1つの学習器なのですが、毎回ランダムに非活性化ノードを決めることにより、疑似的にアンサンブル学習を行っているのです。

　ドロップアウトも原理は一緒です。**学習のたびにランダムに非活性化されるノードが選ばれる**ので、実態は同じなのに毎回違う重み付けがなされる（**図6-3**で言えば違う回帰線が描かれる）わけです。普通の（全ノード活性化）状態で200回学習すると過学習となる場合でも、毎回ランダムにノード状態を変えて200回学習して、その結果を総合するアンサンブル学習にすれば、汎化性能が高まって過学習にならないのです。

　最近のニューラルネットワークライブラリはドロップアウトの機能も持っており、例えば入力層20%、隠れ層をすべて50%、全結合層20%というように層ごとにパラメータを指定できます。

▌K分割交差検証（K-fold cross-validation）

　第4章で訓練データと評価データを分離する**ホールドアウト法**と、さらにテストデータを別に取り置いておく方法について解説しました。これをさらに進めたものが**K分割交差検証（クロスバリデーション）**です。名前はなんか難しそうですが方法はいたってシンプルですので、このやり方も押えておきましょう。

　図6-5は、学習データが12000ある場合にK=5としたときの交差検証です。

K=5なので学習データのうち訓練に使うデータ（10000）を5分割して、1回目は最初の4つを学習データに、残り1つを評価データに使います。2回目の学習では4番目のデータを評価データにという具合に役割を変えて全部で5回学習します。そして、5回の学習結果の平均を取ったものが、訓練における認識率となるわけです。

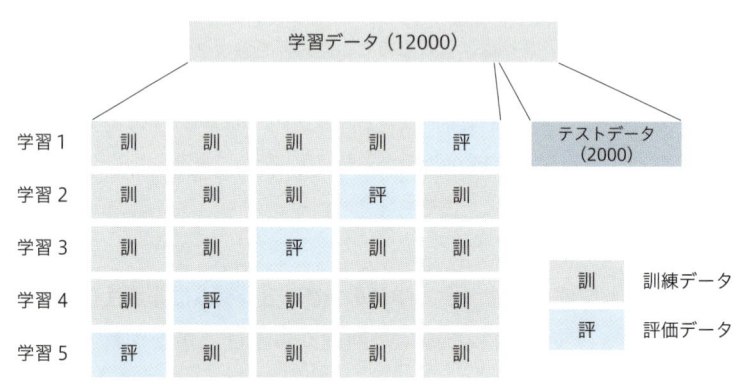

認識率＝上記 5 回の学習の平均値

図6-5：K分割交差検証

　K分割交差検証も、**データセットをK個に分けてそれぞれで学習した結果を総合評価する**ことから一種のアンサンブル学習といえます。そういう意味ではKの値を10や20とかにした方が過学習防止により効果があるわけですが、ことはそんなに簡単ではありません。

　図6-5の学習1は、10000のデータを1回流して終わりというわけではありません。評価を高めるために何度かデータを流した結果、（過学習とならない程度で）最高の評価を得たところで学習1がようやく終わりになります。ライブラリでKのパラメータを20にするのは簡単ですが、通常の学習に対して20倍も学習することになるということに注意してください。

　なお、K分割交差検証を採用した場合でも、テストデータは別に取っておく

必要があるのでしょうか。答えは「YES」です。上記のように学習1〜学習n
の各回で評価データ値が高まるようチューニングするわけなので、最後にテス
トデータで最終確認しなければ本当の性能が測れません。

＊　＊　＊

　少量データなのに過学習せずに学習できる技術が次々と登場し、ニューラル
ネットワークライブラリの標準機能として実装されるようになってきました。
使いこなすためのパラメータも、大概はデフォルトのままでよくなってきてい
て、さらに Google Cloud AutoML や Microsoft Custom Vision のような簡単に
学習できるサービスも登場しています。
　車のエンジンの構造を知らなくても、アクセルやブレーキの意味や使い方を
知っていれば運転できます。そして、マニュアル車からオートマ車に移行し、
これからは自動運転車が普及する流れと同じく、ディープラーニングももっと
もっと簡単に使えるものになってゆくわけです。

第 2 部

機械学習の
アルゴリズムを学ぶ

第7章

機械学習のアルゴリズム

機械学習には、「教師あり学習」「教師なし学習」「強化学習」という3つの学習方法があります。そして、その背後には「回帰」「分類」「クラスタリング」などの統計学があり、解を求める方法として、「決定木」「サポートベクターマシーン」「k平均法」など多くのアルゴリズムがあります。「学習方法」と「統計学」と「アルゴリズム」。いったいこの三角関係はどうなっているのでしょうか。

機械学習法と統計学

　まずは図7-1をご覧ください。「教師あり学習」「教師なし学習」「強化学習」という3つの学習方法と「回帰」「分類」「クラスタリング」といった統計学の関係をパッと図にしてみました。

3つの学習方法

（1）教師あり学習

　教師あり学習（Supervised Learning） は、学習データに正解ラベルを付けて学習する方法です。例えば、花の名前を教えてくれるAIを作るのなら、学習データ（画像）に対して、これは「バラ」、これは「ボタン」というようにラベルを付けて学習させます。何種類の花の名前を覚えるかが、第4章で学んだ出力層のノード数になります。

　第5章で紹介したILSVRC（画像認識コンテスト）では、ImageNetという膨大な画像データセットの中から1000カテゴリーの画像を当てさせるお題を出しているわけなので、そこに参加する学習モデルは1000ノードの出力を持つモデルとなります。当社の花の名前を教えてくれるAI「AISIA FlowerName」の場

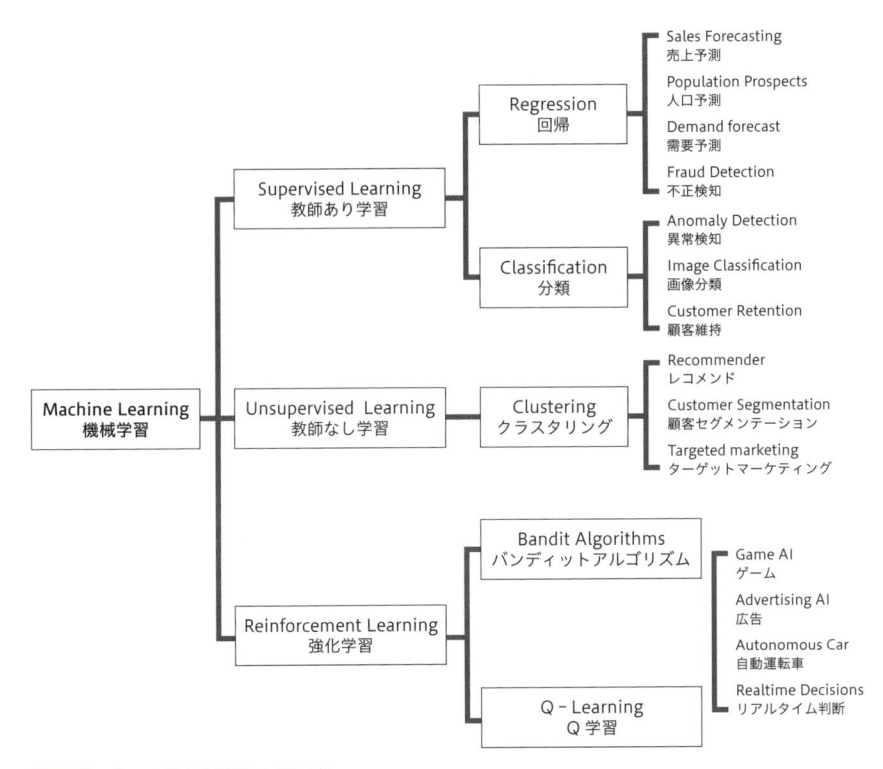

合は、257種類の花の名前を教えてあります。どんなに優秀な学習モデルでも、習っていないカテゴリーは解答の選択肢にありません。例えばILSVRC2017の1000カテゴリーの中で、花はDaisy（デージー）しかないので、バラを見てもボタンを見てもデージーと答えるわけです。

（2）教師なし学習

教師なし学習（Unsupervised Learning）は、学習データにラベルを付けないで学習する方法です。2012年に、Googleが猫を認識できるAIを作成したことが大きなニュースになったのは、それが教師なし学習だったからです。Web上の画像や動画をラベルなしで1週間読み取るうちに、AIが自律的に「猫」と

いうものを認識するようになりました。これは、幼児が毎日いろいろなものを見るうちに、自然と「こういうものが猫ってものか」と認識していくのに似ています。猫という名前は知らないですが、概念を認識するのです。

(3) 強化学習

2016年に、GoogleのAlphaGoというAIが韓国の囲碁プロ棋士を破ったという大きなニュースがありましたね。実は、これは**強化学習（Reinforcement Learning）**という別の学習方法を使って強くなりました。強化学習は、正解を与える代わりに将来の価値を最大化することを学習するモデルです。囲碁のように、必ずしも人間に正解がわかるわけではない場合でも学習できるので、人間を超える力を身につけることが期待されています。

▌回帰（Regression）

教師あり学習で使う代表的な統計手法は、**回帰（Regression）**と**分類（Classification）**です。回帰は、**「たくさんのデータをプロットしたときに、その関係性を表す線（関数）を見出すこと」**でしたね。これを予測に使った場合は、「これまでのデータを元に傾向（関数）を導き出し、今後の数値を予測する」というような使い方ができます。

例えば、コンビニが「明日どのくらい弁当が売れるだろう」という予測を正

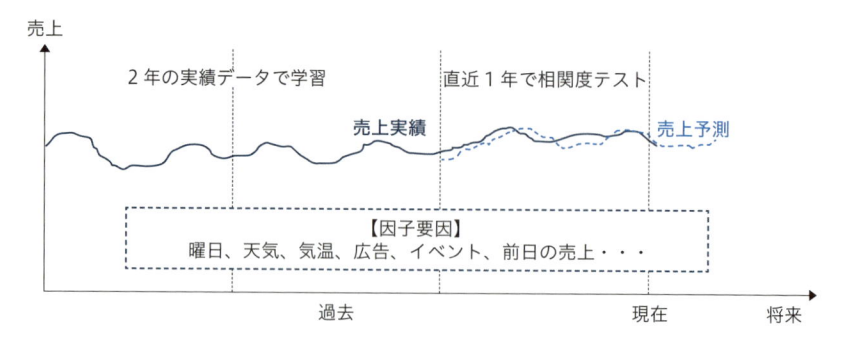

図7-2：回帰を使った売上予測モデル

確に立てられれば、機会損失（品切れ）を避けつつ、ロス（廃棄処分）を最小限にできます。そこで**図7-2**のように過去3年の売上データを元に、そこに曜日、天気、気温、広告、イベント、前日何が売れたか、などの情報をかぶせて、どの因子要因がどれくらい影響するかを機械学習させます（教師あり学習）。最初の2年間のデータで学習し、過去1年のデータでテストして相関関係が得られれば店長の発注を支援する「弁当売上予測AI」の出来上がりです。

　未来が予測できればすごいことです。まさに「世界は自分のもの！」という感じです。なので、こうした商品の売上予測以外にも来店者数予測、来場者数予測、電力需要予測などさまざまな分野で回帰を使った予測AIの作成が取り組まれています。いまは、まだ背伸びした事例発表が多いのですが、近いうちに"本当の成功例"が次々と出て来ると"予測"しています。

▎分類（Classification）

　教師あり学習のもう1つの代表的手法が分類（クラス分類とも言います）です。これは、その名の通り未知のデータを自動分類するもので、出来上がったものは分類器とも呼ばれています。はい、そうです。花の名前を教えてくれる人工知能（分類器）を作成していたのは、この分類という判別作業をディープラーニングを使って教え込んでいたわけです。

　分類（Classification）は、幅広く人工知能で使われています。花や犬猫を見分ける画像認識（Image classification）の他にも、正常と不良を見分ける異常検知（Anomaly Detection）や離れていきそうな顧客を検知する顧客維持（Customer Retention）など、さまざまな分野で使われています。

　分類は古くから行われてきた人工知能の代表的な作業です。そのため、分類を行う機械学習アルゴリズムも数多くあり、ルールベースで分類する決定木（Decision Tree）や確率で表現するk近傍法などさまざまなものが使い分けられています。こうした手法がある一方で、特徴点を見つけて分類してゆく作業はディープラーニングも得意なジャンルなので、ルールベースで決まらない曖昧なものの分類にはディープラーニングが使われるようになりつつあります。

クラスタリング（Clustering）

クラスターという言葉はクラスター爆弾のせいでイメージが悪いのですが、もともとは「房」とか「群れ」というような意味です。クラスタリングを一言で言い表すと、「いろいろなものの中から似たもの同士を集めてグループ化すること」です。例えば、たくさんある花の写真を3つのグループに分類して、「赤い花」「白い花」「青い花」というようにグループ名を付けるのがクラスタリングです。

eコマースサイトの購買実績をもとに顧客をカテゴライズ（Customer Segmentation）してマーケティング手段を変えたり、顧客ごとにお勧め商品をレコメンド（Recommendation）したり、音や振動などのセンサー情報から平常と違う状態を早期に検知する予知保全（Predictive Maintenance）など、クラスタリングは大量のデータをもとにカテゴライズするのに適しています。顧客やセンサー情報1つ1つにラベルを付けて学習しているわけではありません。少し前までよく名前を聞いたデータマイニングも基本的にクラスタリングをベースにしています。

麻里ちゃんのAI奮闘記

分類とクラスター分析の違い

：クラスタリングも分類することだよね。じゃあ、クラスタリングとクラシフィケーションはどう違うの？

：（でた、素朴な質問ほど難しい！）あ、そう言われればどっちも分類だね。え～と…。

：あれぇ、先輩。わからないで使っていたんですか。

：えっ。いや、その、あれだな（**図7-1**を見て気付く）。あ、確かに分類（Classification）もクラスタリング（Clustering）も同じく分類する作業だけど学習方法が違うんだ。

：学習方法？

：分類（Classification）は、教師あり学習で目的変数ありなのに対し、クラスタリング（Clustering）は教師なし学習で目的変数なしって違いさ。

：目的変数？

：花の色で花を分類する例で考えてみよう。この分類をClassificationでやる場合は、写真に「これは赤い花」「これは白い花」とラベルを付けて学習させるだろう。その際に「黒い花」を教えてなかったら、解答には「黒い花」は出てこない。目的変数（赤、白、青などの出力層のノード）に黒がないので、黒い花は認識できないんだ。

：うんうん。

：一方、この分類をClusteringでやる場合は、ラベル付けは必要ないのさ。分類器は、花の色（RGB値）の違いを認識して「赤っぽい花のグループ」「白い花のグループ」というようにグループ分けしてくれるし、黒い花が一定量あれば「黒っぽい花のグループ」も集められるんだ。

：目的変数がいらないのね。

：ただし、いくつのグループに分けるかの指定は必要だよ。例えば、3つに分けろ と指定した場合、色はRGBの3次元となるので、**図7-3**のようなイメージになるよ。

：私は赤い花が好き。特に真紅のバラが大好き。

：……（え、これって誘いのモーションなのかなぁ…？）

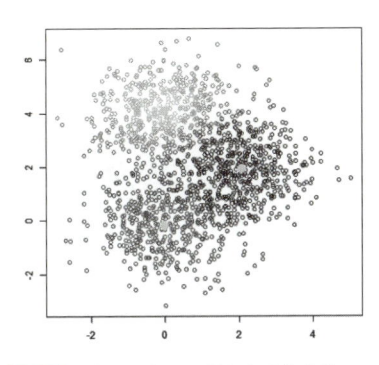

図7-3 ：クラスタリングによる色分け

　表7-1に分類とクラスタリングの違いをまとめました。人工知能の活用は「教師あり」の分類の事例が多く登場しましたが、ここにきて学習データのラベル付け作業がいらなくて、学習データがない場合でも対応できる「教師なし」のクラスタリングもかなり実用化されてきています。今後は、それぞれに進化して役割に応じて使い分けられていくと思われます。

	学習方法	目的変数	メリット
分類 (Classification)	教師あり	あり	分類制度が高い 目的に合った分類をやってくれる
クラスタリング (Clustering)	教師なし	なし (分類数のみ指定)	学習データが不要 ラベル付けが不要 学習の手間がいらない 予想外の結果が得られる

表7-1：分類（Classification）とクラスタリング（Clustering）の違い

強化学習

　強化学習は、教師あり学習のように「答え」が与えられるわけではなく、**「報酬」を得るために自ら学んで賢くなる学習法**です。囲碁や将棋のようなゲームで圧倒的な力を示しますので、"氷上のチェス"と呼ばれるカーリングを例に説明しましょう。

　カーリングは、4人チームで10エンド戦って合計点数の多い方が勝ちとなるスポーツです。エンドごとに先攻後攻があって後攻が有利なゲームなのですが、エンドに勝つと次のエンドは先攻になるため、わざと引き分けて後攻を続けた

り、先攻の時は相手に1点だけ勝たせて後攻を得たりするなどの駆け引きもあ
ります。ゲームの報酬は最終的に試合に勝つことですが、そのためにどのよう
に戦うかという途中途中の戦術面のウエイトが非常に大きい競技です。

　通常、カーリングにはコーチがいます。8エンドで先攻で2点リードの時に取
るべき作戦、第3投でこういうストーンの配置のときにどういう投球をすべきか、
麻里ちゃんが投げる番だとして彼女の力量ならどうすべきか、など場面場面で
コーチが最適なアドバイスを教えてくれるのが「教師あり学習」です（本当の
ルールでは5エンド終了後の休憩時間とタイムアウト以外はコーチとの話し合
いは認められていないのですが）。

　一方、「強化学習」はコーチがいません。エンド10の投球が終わって報酬（勝利）
が得られなかったときに、じゃあ、その前のエンド9がどう悪かったのかを反省し、
そこで取った戦術の見直しをします。エンド9の悪い原因がエンド8にある場合
は、エンド8で採択した戦術を見直ししてこちらも改善します。このように、
どうすればもっと報酬を得られるかを自ら反省して強くなっていくわけです。

　囲碁や将棋、チェスでは対局が終了した後で対局者同士で感想戦を行って、
お互いのどの手が悪かったかを話し合って最善手を追究します。強化学習はこ
の感想戦のような反省を自分自身で行い、その内容を記録しておきます。次の
対戦では、その記録した内容を参考にしながら戦い、また反省して記録を更新
する。この作業を繰り返すうちにだんだん強くなってゆく学習方法なのです。

バンディットアルゴリズムとABテスト

　強化学習で報酬を最大にする手法の1つにバンディットアルゴリズムという
ものがあります。実は、バンディットアルゴリズムは、強化学習がこれほど注
目される以前からWebマーケティングでお客様により多くクリックしてもらっ
たり、ゲームで勝つための手法としても使われていました。麻里ちゃんに登場
してもらって、簡単に説明しましょう。

　舞台はメイド喫茶でバイトしている麻里ちゃんとのじゃんけん勝負です（**図
7-4**）。コインを50枚購入したので50回じゃんけんができます。コインを1枚出
してじゃんけんをし、麻里ちゃんに勝てばコインは3倍になり、あいこか負け

なら取られてしまいます。このほかにパスと言うことも可能で、その場合は1枚がそのまま手元に残ります。

　50回じゃんけんして手元に残ったコイン数を分換算して、その時間だけ麻里ちゃんが席についておしゃべりの相手をしてくれます。この至福の時間（報酬）を最大化するために活用するのがバンディットアルゴリズムです。

　人にはそれぞれ癖があって、麻里ちゃんはパーを出す確率が50％、グーが30％でチョキが20％です。もし、それを知っていたら最初からチョキを出し続けるわけで、その時の期待値は50回×0.5×3枚＝75枚になります。そして全部パスなら50枚というわけです。

図7-4 ：麻里ちゃんとのじゃんけん勝負

(1)ABテスト

　最初に、バンディットアルゴリズムを説明する際によく比較されるABテストを説明しましょう。ABテストは、パターンAとパターンBを用意して、どちらのパターンが効果が高い（報酬が大きい）かを調査するテスト手法です。eコマースサイトやWeb広告で使われる場合は、デザインAとデザインBのどちらがクリックされるか一定期間テストして、クリックの多かった方のデザインを採用するというように使われます。Facebookに広告を出すときにも、広告主が複数の広告セットを用意してABテストを行うことができますし、Facebook自身も新機能の評価検証にABテストをよく使っています。

　麻里ちゃんとのじゃんけん勝負にABテストを使ってみましょう。最初に10回ずつグーチョキパーを均等に出して麻里ちゃんの癖を探索し、パーが一番多

いと判断したら残り20回はチョキを出し続けることになります。この場合の期待値は、10回×0.5×3枚（チョキ）＋10回×0.3×3枚（パー）＋10×0.2×3枚（グー）＋20回×0.5×3枚（チョキ）=60枚です。まずまずの成果ですね。

このとき、最初の30回は麻里ちゃんの癖を見抜くための「探索」です。そして、パーが多いと思った後にチョキを出し続けるのが「活用」です。この「**探索（Explore）**」と「**活用（Exploit）**」は**図7-5**のようにトレードオフの関係があります。癖をきちんと見分けるためには探索の数を増やさなければなりませんが、そうすると活用できる数が減ってしまうのです。

ABテストのウィークポイントは2つあります。

① 探索の際に確率の悪い手も均等に出さなければならない
② 探索の結果見つけた癖が正解ではなかった場合に、同じ手を出し続けて大きな損失になる

先ほど、ABテストの期待値を60枚としましたが、正解を間違ってしまった場合を考慮するともっと低い値になるわけです（それ以前に活用で連続20回チョキを出し続けているのに、パーを出す麻里ちゃんも天然入っていますが…）。

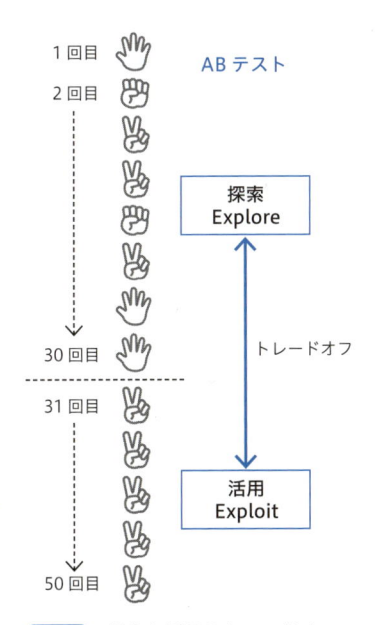

図7-4：探索と活用はトレードオフ

(2) バンディットアルゴリズム

上記2つの課題を解決するための手法がバンディットアルゴリズムです。ABテストは一定期間の探索とその後の活用を完全に分けていますが、バンディットアルゴリズムはこの2つをミックスして**探索しながら活用**します。つまり「**序盤からこれまで得た情報で活用しながら、適度に探索もし続ける**」というもので、そのバランスの求め方の違いから次のような手法があります。

- Greedy
- UCB(Upper Confidence Bounds)
- Softmax
- Thompson Sampling

　また、最初は探索を多く、徐々に活用の比率を上げる **Unnearing (焼きなまし)** という（これまた日本語訳が面白いですね）手法もあって、上記の4つに焼きなましをミックスする手法も有力です。

▌Optimism in face of uncertainty

　さてさて、世の中はそれほど甘くはありません。パチンコ台やスロットマシンのように、現実の世界では勝つ確率がわからないのが普通です。このメイド喫茶でも麻里ちゃんと生でじゃんけんできるわけではなく、端末のじゃんけんボタンを押すと麻里ちゃんの手がモニター上に同時表示されて勝敗が付きます。

　当然のことながら、ちょっと負けが込むとひょっとしてシステムが"ズル"していて、きちんと1/3の確率で勝てる設定になっていないのではと疑心暗鬼が生じてきます（ゲーセンの脱衣麻雀ゲーム経験者なら、間違いなく疑います）。そんな心理状態になってしまった場合、確実にコイン1枚ゲットできる「パス」ばかり選択して、最適な正解（チョキ）にたどり着けなくなるジレンマに陥ってしまいます。

　実は、そうならないための原理もあるんです。**Optimism in face of uncertainty** について説明しましょう。最初に麻里ちゃんのチョキに何回かグーで勝ったとします。すると「お、グーが勝てる」と思ってグーを多めに出しますね。ところが、次第に負けが込んでしまうと、「あれ、グーはイマイチだった」と反省してグーを出すのをやめます。**楽観的な勘違いは解消して別の選択に移れるの**です。

　一方、最初に麻里ちゃんのグーに何回かチョキで負けたとします。今度は「ああ、チョキは負ける」と思って、しだいにチョキを出さなくなってしまい、チョキが最適だと気付かずじまいになります。**悲観的な勘違いは解消されず、最適**

な選択にたどり着けないのです。

　このバイアスを解決するには少し楽観的側に倒す必要があります。それが、「**不確定なときは楽観的な選択をする**」という原理で、**Optimism in face of uncertainty**と呼ばれています。方法はいろいろありますが、その1つが**楽観的初期値法**です。これは、例えば最初にグーチョキパーそれぞれで10回勝ったと初期値を与えてスタートします。序盤チョキで負けが続いたとしても、10回勝っているという貯金が働くので粘り強くたびたびチョキを出し、そのうちチョキで勝つことが増えて正解にたどり着けるわけです。

┃ モンテカルロ法

　ABテストの「探索」に関連する手法として、モンテカルロ法があります。カジノで有名なモナコの都市の名前がついていてなんだか凄そうですね。でも仕組みは至ってシンプルなもので、**ランダムに試してみて、その結果から近似値を求めるシミュレーション法**です。麻里ちゃんが出すグーチョキパーを集計していくうちに、パーが50%、グーが30%、チョキが20%という麻里ちゃんの癖が近似値として見えてくるのです。

　生じゃんけんじゃない場合は、麻里ちゃんの手ではなく自分の手で統計を取ってみましょう。チョキで勝つ40%、パーで勝つ20%、グーで勝つ15%と合計が100%にならない近似値が出たとしたら、やっぱりイカサマじゃんけんだったんだとわかります。

*　*　*

　みなさんには座右の銘がありますか。実は私はインタビューなどで座右の銘を聞かれたときに、「**迷ったときは積極的な道**」と答えていました。この言葉は私のオリジナルなのですが、バンディットアルゴリズムの**Optimism in face of uncertainty**という言葉に出会って「あ、同じだ」ってびっくりしました。ゲームに勝てるアルゴリズムですので、"人生というゲームに勝つ"ための大切な言葉だったんだと感慨に浸ってしまいました。

第8章

Q-Learning

「探索（Explore）」と「活用（Exploit）」のトレードオフがある中で最大の報酬を得るバンディットアルゴリズムと、そのトレードオフを気にせずに探索し続けた結果で近似線を求める古典的なシミュレーション法であるモンテカルロ法を学んだところで、次に、同じくシミュレーション結果から報酬を最大に得る方法を見つけ出すQ-Learning（Q学習）についても押さえておきましょう。

Q-LearningのQとは

　今回は冒頭から麻里ちゃんの登場です。あっちの方から麻里ちゃんがやってきました。好きな娘がこっちに向かって歩いてくる姿って、なんだかスローモーションを見ているようなキュッとした気持ちになりますね。でも、そんな気持ちも麻里ちゃんの素朴な質問でいっぺんに吹っ飛びます。

「Q-LearningのQってなんの略なの？」

　う、いきなりです。無邪気でピュアな質問です。でも、答えがわかりません。統計学を学ばずにディープラーニングに入ってきたエンジニアに、「お前、統計勉強してないだろう！」と突き付けられた気分にさせられます。そうなんです。この質問に回答するには、まず統計における P値（P-Value）について知らなければならないのです。ということで、まずはP値の説明からスタートします。

P値（P -Value）とは

　世の中には、"証明してみたい仮説"がたくさんあります。野球の「（野手が）

代わったところに球が飛ぶ」や「洗車をすると雨が降る」などはたぶん気のせいです。でも、「IT 業界に B 型が多い」は思い当たることもあるので調べてみたい気がします（実は私も B 型）。このような仮説を統計を使って証明する方法が**仮説検定**です。

Wikipedia によれば、日本人の B 型の比率は 21.9% です。ということは、IT 企業の健康組合で B 型の人の統計を調べれば、「IT 業界に B 型が多い」という仮説が当たっているかわかりそうですね。このように証明したい仮説のことを**対立仮説（Alternative hypothesis）**と言い、対立仮説を否定する方は**帰無仮説（Null hypothesis）**と呼ばれています。この場合は、「IT 業界でも B 型の比率はそんなに変わらない」というものが帰無仮説ですね。そして、対立仮説を証明するために、帰無仮説が間違っていることを証明する**背理法**が、統計ではよく用いられます（**図 8-1**）。

証明したい仮説

対立仮説 Alternative hypothesis

両方は成立しない

対立仮説を否定する仮説

帰無仮説 Null hypothesis

「IT 業界には B 型が多い」　　　　　　「IT 業界でも B 型の比率は変わらない」

図8-1 ：帰無仮説が間違っていれば、対立仮説が証明される

帰無仮説「そんなに変わらない」を測る尺度が P 値です。P は **Probability の P**、つまり "確率" を表す数値です。そして、"そんなに" を具体的に判断するために P 値の閾値が設定されます。例えば閾値が 0.05 だった場合は、"そんなに"は 5% になります。

具体例で説明しましょう。健康組合の人が 10 万人いたとしましょう。B 型の比率が 21.9% ということは、21900 人前後が B 型だったら帰無仮説は正しいと証明されます。ピッタリ 21900 人ということはありませんので、例えば誤差 5% 以内だったら 21900 人前後とみなします。ここで言う 5% の誤差とは、21900 × 0.05＝1095 人という単純な計算ではありません。あくまでも統計ですので、**図 8-2** のように正規分布において両端 2.5% ずつの範囲に含まれるかど

うかで判定します。

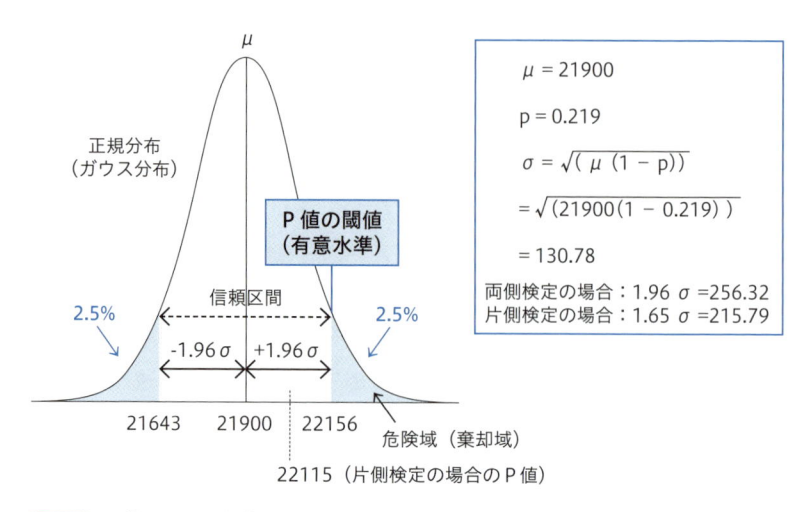

正規分布
（ガウス分布）

P値の閾値
（有意水準）

信頼区間

2.5%

2.5%

-1.96σ　$+1.96\sigma$

21643　21900　22156

危険域（棄却域）

22115（片側検定の場合のP値）

$\mu = 21900$

$p = 0.219$

$\sigma = \sqrt{(\mu(1-p))}$

$= \sqrt{(21900(1-0.219))}$

$= 130.78$

両側検定の場合：$1.96\sigma = 256.32$
片側検定の場合：$1.65\sigma = 215.79$

図8-2 ：P値0.05の両側検定

　正規分布（**ガウス分布**とも言います）とは、確率の分布です。つまり、**図 8-2** において、両端 2.5% より内側（信頼区間）であれば、"まあ、確率的に偶然あり得るだろう" と判断し、その外側は "さすがに偶然にしてはおかしい" とするわけです。この判断の閾値を決める値が P 値であり、例えば P 値が 0.03 なら両端 1.5% となります。

　P 値は、この外側だともはや偶然とは言えず、なにか意味があるはずだということで、**有意水準**とも言われています。そして、その外側は、帰無仮説が正しいにも関わらず、5%の確率で誤って対立仮説を採用してしまうエリアなので**危険域**と呼ばれてます（最近は帰無仮説を棄却するエリアなので**棄却域**とも呼ばれています）。一方、内側の範囲は**信頼区間**と呼ばれています。

　誤った判定をする可能性は 2 つあります。1 つは「本当は B 型の比率もそんなに変わらないのに、IT 業界に B 型が多いと判定」する **False Positive(FP)**、もう 1 つは「本当は IT 業界に B 型が多いのに、B 型の比率はそんなに変わらないと判定」する **False Negative(FN)** です（**図 8-3**）。

	帰無仮説を採択 「B 型もそんなに変わらない」と判定	帰無仮説を棄却 「IT 業界に B 型が多い」と判定	計
帰無仮説が正しい 実は「B 型もそんなに変わらない」	True Negative(TN)	False Positive(FP) (α エラー)	n
帰無仮説が誤り 実は「IT 業界に B 型が多い」	False Negative(FN) (β エラー)	True Positive(TP)	N-n
計	N-R	R	N

FWER=FP/(TN+FP)・・・確率
「本当は帰無仮説が正しいのに、棄却されてしまうデータの割合」
（実は B 型もそんなに変わらないのに、IT 業界に B 型が多いと判定してしまうデータの割合）
FDR=FP/(TP+FP)・・・期待値
「棄却された帰無仮説のうち、本当は帰無仮説が正しいデータの割合」
（IT 業界に B 型が多いと判定した中に、実は B 型もそんなに変わらないデータも含まれている割合）

図8-3 ：統計的確率検定の正誤パターン

　さて、IT 企業の健康組合で調査した結果、B 型の人が 22166 人いたとしましょう。図 8-2 で照合すると、この値は有意水準より 10 人多いので、帰無仮説が正しいとならず、対立仮説「IT 業界に B 型が多い」が誤っていると証明することができません。

　もし、B 型の人が 22150 人だったらどうでしょうか。今度は有意水準を超えていないので、帰無仮説が正しいとされ、対立仮説「IT 業界に B 型が多い」は誤っていると判定されることになります。

　有意水準を超えていない場合は、対立仮説は否定されます。一方、有意水準を超えた場合は、対立仮説を正しいと判定するわけではなく、"否定はできない"というお役所のような答弁になります。とはいえ、有意水準を超えていない場合でも、本当はIT 業界に B 型が多いのに、B 型の比率はそんなに変わらないと判定してしまう False Negative(FN) が生ずる可能性があるわけです。

なお、閾値判定には**両側検定**と**片側検定**があります。もし、必ず値が多い（少ないことはあり得ない）ことが自明なケースでP値を 0.05 にした場合は、多い側のみ 5% が危険域となります。もし、同じ 0.05 で片側検定にすると P 値の閾値は 22115 人となりますので 22150 人は危険域に入ってしまうことになります。

多重検定と FWER

ふう〜。いきなりの麻里ちゃんの質問にびびびって、P 値について力いっぱい説明してしまいました。仮説検定における P がわかったところで Q に行きたいところなのですが、その前に**多重検定**と **FWER** を説明しなければなりません。ただ Q を説明するだけなのに、ずいぶんと前置きが長いですね。

IT 企業の健康組合はいくつかありますので、4 つの組合にそれぞれ 10 万人の血液型を調査してもらうことにしました。その結果、4 つの健康組合のうち 1 つだけ有意だった場合、「IT 業界に B 型が多いを否定できない」としていいのでしょうか。

サンプル（健康組合）が 4 つの場合、どれか 1 つは有意になる確率は次の計算で 18.5% となります。1 つの組合だけで検定する場合の有意になる確率（p=0.05）に比べると、発生確率は 3.7 倍に跳ね上がりますね。なので、4 つのうち 1 つの組合が有意だったとしても、それをもって「IT 業界に B 型が多いを否定できない」とするのは難しいでしょう。とはいえ組合の 1 つは有意だっ

たので「IT 業界でも B 型の比率はそんなに変わらない」という帰無仮説も証明されたとは言いにくいわけです。

1-(1-p)^4 = 1-(1-0.05)^4 = 0.185

このように複数のサンプルで有意になるかどうかを調べることが**多重検定**です。そして、複数（family）の検定のどれかが有意になる確率のことを **FWER(familywise error rate)** と言います。多重検定においては、1つの検定で有意になる P 値ではなく、FWER をコントロールすべき（例 FWER 18.5 → 5%）という考え方が採用されています。

FDR

FWER は**図 8-3** の FP/(TN+FP) を小さくするアプローチです。本当は帰無仮説が正しいのに、帰無仮説を棄却してしまう割合、すなわち「実は B 型もそんなに変わらないのに、IT 業界に B 型が多いと判定してしまう割合」を多重検定においてコントロールするための指標です。

一連 (family) の検定で 1 つも有意にならない確率（FWER）を抑えるには、多重度が増えるほど各検定の有意水準 P を小さくしなければなりません。そして有意水準 P を厳しくすると、今度は FN（β エラー）「本当は IT 業界に B 型が多いのに、B 型もそんなに変わらないと判定してしまう誤り」が発生しやすくなってしまいます。

この問題を解決するために、多重度に応じてある程度は間違ってもいいことにしようという発想で登場したのが **FDR(False Discovery Rate)** です。FDR は FP/(TP+FP) の割合を求める手法で、FP（α エラー）をある程度許容します。帰無仮説が棄却された中で、本当は帰無仮説が正しいものの割合、すなわち「IT 業界に B 型が多いと判定した中に、実は B 型もそんなに変わらないデータも含まれている割合」をコントロールする指標です。

我々は神ではないのでどのデータが TN、FP、FN、TP かはわかりません。そこで FDR は期待値で求めます。P(Provability) 値が確率なのに対し、FDR

は期待値ということになります。有意水準 P との関係で言えば、FWER を小さくするためには P を小さくする必要があり、P を大きくすると FWER は大きくなります。一方 FDR の方は、P を大きくすれば FDR は大きくなり、P を小さくすれば FDR は小さくなります。

FDR をコントロールする方法はいろいろがありますが、最も有名な BH(Benjamini-Hochberg) 法を説明しましょう。

Benjamini-Hochberg （BH法）

BH 法は FDR をコントロールする手法の 1 つです。BH 法の中でも、いくつか補正方式があるのですが、標準的な計算方法を 4 つの健康組合の例を使って説明します。

①N 個の帰無仮説(4 つの健康組合)それぞれの B 型の割合 P 値を計算します。
　健康組合 1 は 22166 人なので P 値は 0.04。他の健康組合の P 値は**表 8-1** の通りだったとします。

サンプル	P 値
健康組合 1	0.04
健康組合 2	0.16
健康組合 3	0.08
健康組合 4	0.01

表8-1 ：4つの組合の B 型の人の数を P 値計算

②P 値の小さい順に並び替え、順番を i とします。(i=1 ～ 4)
　表 8-2 のように健康組合 4、1、3、2 の順番となります。

③FDR の閾値を決めます。
　ここでは 0.05 としています。5% ですから帰無仮説が 100 個棄却された場合に、その中に真の帰無仮説が 5 個入っていることを許容することになります。

④各サンプルの p 値を q 値に変換します。（N はサンプル数 =4）

qi=pi × N/i

　この q が FDR の期待値です。p 値を小さい順に並べたときに、q 値がどのような値となるかを**図 8-4** のような関係式で求めています。

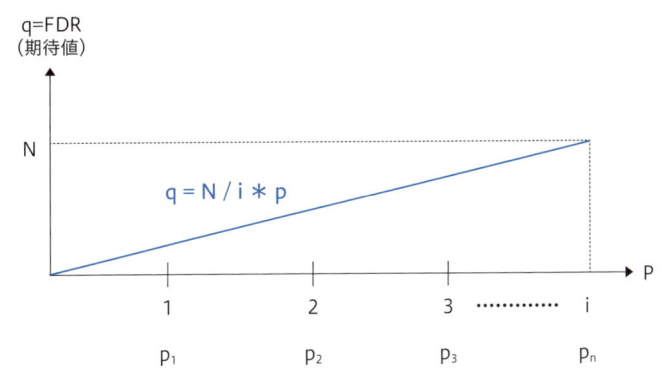

図8-4 ：p と q の関係式

⑤ qi と qi+1 を比較して、qi > qi+1　なら qi　＝ qi+1　とします。
　今回は、この処理は該当なし。

⑥ qi と閾値を比較して棄却判定
　Qi < = 閾値 なら有意、そうでなければ棄却します。

サンプル	Pi	i	qi = qi × N/i	FDR の閾値	qi 比較閾値	判定
健康組合 4	0.01	1	0.01 × 4/1 = 0.04	0.05	0.04 <= 0.05	有意
健康組合 1	0.04	2	0.04 × 4/2 = 0.1	0.05	0.1 > 0.05	棄却
健康組合 3	0.08	3	0.08 × 4/3 = 0.11	0.05	0.11 > 0.05	棄却
健康組合 2	0.16	4	0.16 × 4/4 = 0.16	0.05	0.16 > 0.05	棄却

表8-2 ：P 値の小さい順に並べて棄却判定

今回の4つの健康組合のデータを BH 法で計算した結果は、**表8-2** のように4つの帰無仮定のうち1つは有意となりました。つまり、FDR の閾値が 0.05 の場合、上記の検定結果は「IT 業界でも B 型の比率はそんなに変わらない」とは言えないことになります。なお、**表8-2** の各 pi の値を P 値 0.05 でそれぞれ比較すると、健康組合4と健康組合1が有意になり、FDR とは異なる有意数になります。

　FDR は、Family の数（N 個）が多くて、帰無仮説が棄却される数（R）が多い集合に対して有用なモデルです。例えば 10 万の遺伝子に対して投薬して、影響のある遺伝子を選ぶ実験をしたとしましょう。1 割に変化が生じたとすると 1 万の帰無仮説が棄却されたことになります。Q の閾値が 5% ということは、この1万の中から 500 遺伝子程度は FP（α エラー）が含まれる可能性があることになります。

▌ Q 値（Q-Value）とは

　大変長らくお待たせしました。**図8-5** のようにたどってきて、ようやく Q 値を説明できます。Q 値とは「**検定結果が有意と判断される最小の FDR 閾値のこと**」です。**表8-2** は閾値が 0.05 で有意でしたが、閾値を 0.03 に下げたらどの qi も棄却となります。この場合、ぎりぎり有意となる閾値は 0.04 なので、Q = 0.04 ということになります。

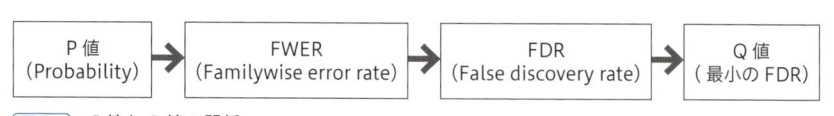

`図8-5`：P 値と Q 値の関係

　確率から求められる P 値の閾値（有意水準）が P 値なのに対し、期待値として求められる FDR の閾値が Q 値です。そして、P は Probability（確率）の P なのですが、Q 値は"同じ閾値だけど P とは違う閾値なので Q としておこう"という Q なのです（というのが私の見解で、Quality の Q という説もあります）。

う〜ん、**図 8-5** に示す言葉の関係性を理解したのはいいのですが、この衝撃の答えをどうやって麻里ちゃんに伝えたらいいのでしょうか。**「実は Q はなんの略でもないんだよ」**と回答しても「へっ」って言われそうだし、だからといってPからQに至る長い変遷を説明しても「面倒っちいやつ」と思われそうです。

麻里ちゃんの「Q-Learning の Q ってなんの略なの？」という質問にうろたえてしまい、P から Q への統計の説明に終始してしまいました。でも、おかげで Q 値が「検定結果が有意と判断される最小の FDR(False Discovery Rate) のこと」であることが理解できたと思います。では、いよいよ Q-Learning という学習法について説明します。

Q-Learning と海戦ゲーム

Q-Learning の仕組みは、"海戦ゲーム" と似ています。え、知りませんか？私の地元新潟では "波高し" という名前で、子供のころ授業中に友達とよくやったものです。さすがにテレビゲームやスマホゲームの時代に、こんな手書きのゲームは見捨てられたでしょうか。でも、Wikipedia にもきちんと載っている由緒あるゲームなので、Wiki の記載例を使って簡単に説明します。

これは 2 人でやる対戦型ゲームです。紙に**図 8-6**(R) のようなマスを書き、そこにお互いが自分の艦隊を相手にわからないように配置します。今回は、戦艦と巡洋艦と潜水艦の 3 隻の艦隊とします。

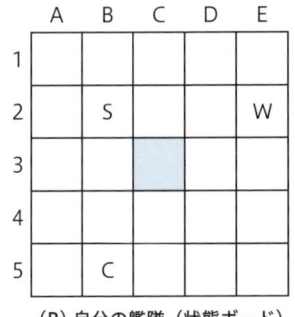
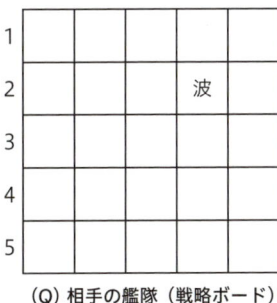

（R）自分の艦隊（状態ボード）　　（Q）相手の艦隊（戦略ボード）

W：戦艦
C：巡洋艦
S：潜水艦

図8-6 ：海戦ゲーム（波高し）の2つのボード

相手が先攻だとしましょう。相手が「3のC」と魚雷を当てる位置を指定して攻撃してきた場合、そこに艦があったなら「命中」と伝えて艦は沈没します。今回は命中ではなく、S（潜水艦）の周囲でしたので、「波高し」とヒントを答えて惜しかったことを相手に伝えます。

　さて、次はこっちの攻撃です。「2のD」を攻撃してみたところ「波高し」という応答があったので、戦略ボード（相手の艦隊）の2Dに「波」のマークを記載していきます。これで、相手の艦はこの周囲にあることがわかります。

　こんなふうに相互に攻撃し合うのですが、度重なる攻撃により、戦略ボード(Q) の情報がリッチになって、しだいに相手の残り艦の位置が見えてきます。そして、先に相手を全滅させた方が勝つというゲームです。パソコンもスマホもない時代、紙と鉛筆さえあれば簡単にできた、男の子のハートをくすぐる遊びなのでした。

▌Q-Learning とは

　さて、海戦ゲームが2枚のボードを使うことを理解したところで、本題のQ-Learning の説明に入ります。Q-Learning の考え方を理解するのに有名な5つ部屋のチュートリアルがあるのですが、ここではそれをオマージュした6部屋からなる「麻里ちゃん救出ミッション」を使って説明することにします（**図8-7**）。

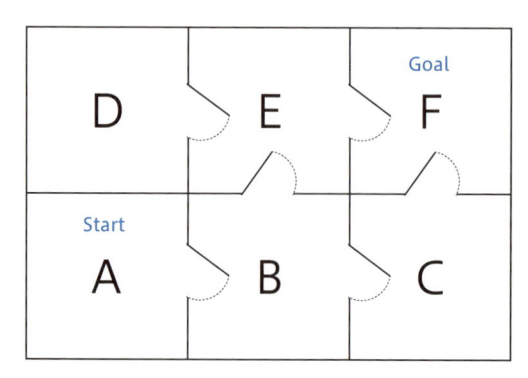

図8-7：麻里ちゃん救出ミッション

場面はAからFまでの部屋がある館です。エージェントはAの部屋からスタートして、Fの部屋に監禁されている麻里ちゃんを助け出しに行くものとします（わくわく）。部屋から部屋への移動の関係を表すと**図 8-8** のようになります。このとき、"麻里ちゃんに会える"という移動に対しては報酬値100を与え、それ以外は報酬値0とします。麻里ちゃんのいるF部屋からF部屋への移動（つまり、ステイ）もアリとします。

　さらに、これを行列風にアレンジしたものが**図 8-9** です。状態（今いる部屋）とアクション（移動先）のマトリクスで、どこからどこに移動すれば即時報酬が得られるかの関係を表しています。

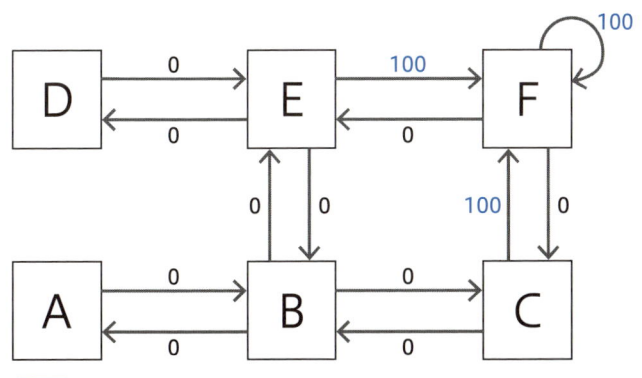

`図8-8`：部屋の移動と報酬フロー

アクション（移動先）

状態	A	B	C	D	E	F
A		0				
B	0		0		0	
C		0				100
D					0	
E		0		0		100
F			0		0	100

`図8-9`：部屋の移動と即時報酬（R）

　Q-Learningでは、トレーニングによってどこに移動すればゴールに近づくかという情報を記憶して行きます。報酬はFの部屋に到達して麻里ちゃんを

救出することです。そのため状態を表す（R）表のほかに、経験（探索）して得た知識を記録する戦略ボード（Qボード）を用意します。初期状態では、まだ何も経験していないので、Qボードは**図8-10**のように全て0です。学習するにつれて、このQボードに有効な情報が書き込まれていき、その結果、Qボードを見ながらプレイすることによって、効率よく最大の報酬を得ることができるのです（*海戦ゲームと同じですね*）。

アクション（移動先）

状態	A	B	C	D	E	F
A	0	0	0	0	0	0
B	0	0	0	0	0	0
C	0	0	0	0	0	0
D	0	0	0	0	0	0
E	0	0	0	0	0	0
F	0	0	0	0	0	0

図8-10：部屋の移動戦略ボード0（Q）

▎Qボードへの情報書込みルール

今回のQボードへの情報書込み基本ルールは次の通りとします。

①初期状態でQボードはすべて0とする。
②Qを求める計算式を設定する。
  Q(状態、アクション)=R(状態、アクション) + γ × Max(Q(次の状態、すべてのアクション))
③γ（ガンマ）パラメータと報酬を決める。
  γは割引率と呼ばれるもので範囲は 0 ～ 1 です。
  0 に近いほど目先の報酬を重視する傾向となります。
  γ =0.8
  報酬= 100

④エピソード（学習）を何回も繰り返して、エピソード終了ごとに Q ボード
　に値を記録していく。

⑤ 1 つのエピソードは、ランダムに指定された状態（部屋）から始まり、最大
　の報酬（F 部屋）に到着した時点で終了する。

⑥ 1 つのエピソードは、**図 8-11** の処理フローで進行する。

　1. ランダムに 6 つの部屋のどこかを探索開始位置とする。

　2. 現在の部屋から移動できるアクションの中から 1 つを選択する。

　3. Q の値を③の式で計算して、Q ボードを更新する。

　4. 移動先が F 部屋ならエピソード終了。そうでない場合は移動先の部屋を
　　現在の部屋にする。

　5. 上記 2 から繰り返す。

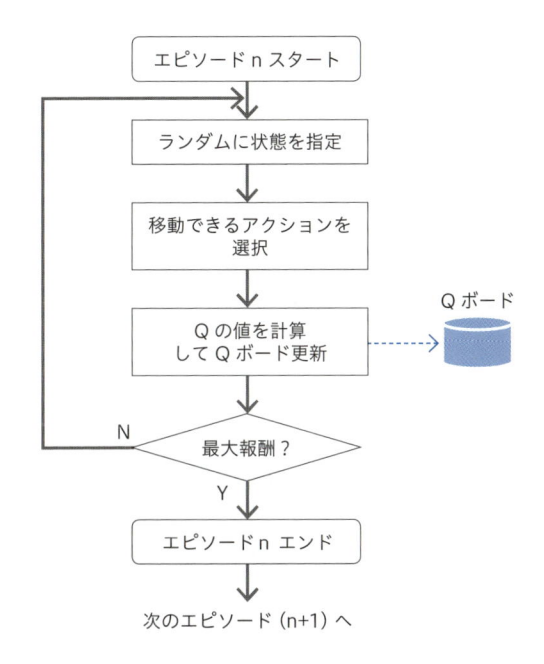

図8-11 ：エピソードnの処理フロー

エピソード1

　では、⑥の手順に従い、エピソード1のシミュレーションを行ってみましょう。

1. ランダムに初期状態を選択。

　　今回はルームCを初期状態とします。

2. 現在の状態から移動できるアクションを1つ選択する。

　　ルームCから移動できるのは、ルームBかルームFです。

　　今回は、このうちルームFを選択したとします。

3. Q計算式に基づいて、Qの値を計算してQボードに書き込む。

　　ルームFにおいて可能なアクションは、ルームC、ルームE、ルームFの3つです。

　　Q計算式に当てはめてみると、次のようになります。

$$Q(C,F)=R(C,F) + 0.8 \times Max(\ Q(F,C),Q(F,E),Q(F,F))$$

　　まだ最初なのでQボードは**図8-10**のようにすべて0となっています。つまり Q(F,C) も Q(F,E) も Q(F,F) も値が0なので Max(\ Q(F,C),Q(F,E), Q(F,F)) は0です。

アクション（移動先）

状態	A	B	C	D	E	F
A	0	0	0	0	0	0
B	0	0	0	0	0	0
C	0	0	0	0	0	100
D	0	0	0	0	0	0
E	0	0	0	0	0	0
F	0	0	0	0	0	0

図8-12：部屋の移動戦略ボード1（Q）

図 8-9 を見ると、R(C,F) は 100 となっていますので、

Q(C,F)=R(C,F) + 0.8 × Max(Q(F,C),Q(F,E),Q(F,F))

Q(C,F)=100+ 0.8 × Max(0,0,0)=100

となり、この値を Q ボードに書き込むと**図 8-12** のようになります。

4. 移動先がゴール（F 部屋）なら終了、そうでなければ移動先の部屋を現在の部屋にする。

今回は移動先が F なのでエピソード 1 は終了です。

▌エピソード2

続いてエピソード 2 をやってみましょう。

1. ランダムに初期状態を選択。

今度はルーム B を初期状態とします。

2. 現在の状態から移動できるアクションを 1 つ選択する。

ルーム B から移動できるのは、ルーム A かルーム C かルーム E です。

今回は、このうちルーム C を選択します。

3. Q 計算式に基づいて、Q の値を計算して Q ボードに書き込む。

ルーム C において可能なアクションは、ルーム B とルーム F です。

Q 計算式に当てはめてみると、次のようになります。

Q(B,C)=R(B,C) + 0.8 × Max(Q(C,B),Q(C,F))

図 8-12 によると、Q(C,B) は 0 で Q(C,F) が 100 なので、

Q(B,C)=0+ 0.8 × Max(0,100)=80

となり、この値を Q ボードに書き込むと**図 8-13** のようになります。

4. 移動先がゴール（F 部屋）なら終了、そうでなければ移動先の部屋を現在の部屋にする。

今回は移動先が C なので、再び 2 の状態からスタートします。

アクション（移動先）

状態	A	B	C	D	E	F
A	0	0	0	0	0	0
B	0	0	80	0	0	0
C	0	0	0	0	0	100
D	0	0	0	0	0	0
E	0	0	0	0	0	0
F	0	0	0	0	0	0

図8-13：部屋の移動戦略ボード2（Q）

■ エピソード2の続き

2. 現在の状態から移動できるアクションを1つ選択する。

ルーム C から移動できるのは、ルーム B かルーム F です。

今回は運よくルーム F を選択したとしましょう。

3. Q 計算式に基づいて、Q の値を計算して Q ボードに書き込む。

ルーム F において可能なアクションは、ルーム C、ルーム E、ルーム F の3つです。

Q 計算式に当てはめてみると、次のようになります。

$$Q(C,F)=R(C,F) + 0.8 \times Max(Q(F,C),Q(F,E),Q(F,F))$$

図 8-13 を参照すると、$Q(F,C)$ も $Q(F,E)$ も $Q(F,F)$ も値が 0 なので、$Max(Q(F,C),Q(F,E),Q(F,F))$ は 0 です。

図 8-9 を見ると、$R(C,F)$ は 100 となっているので、

$$Q(C,F)=R(C,F) + 0.8 \times Max(Q(F,C),Q(F,E),Q(F,F))$$

$$Q(C,F)=100+ 0.8 \times Max(\ 0,0,0)=100$$

既に Q(C,F)=100 なので、今回は Q ボードの値を変化させない結果になりました。

4. 移動先がゴール（F 部屋）なら終了、そうでなければ移動先の部屋を現在の部屋にする。

今回は移動先が F なのでエピソード 2 は終了です。

エピソード n

エピソード（経験）を積み重ねるうちに Q ボードに値が次々と書き込まれ、戦略ボードとしての役割を果たすようになります。今回は、単純なモデルなので、エピソードを繰り返すうちに収束し、最終的に Q ボードは図 8-14 のようになります。

アクション（移動先）

状態	A	B	C	D	E	F
A	0	320	0	0	0	0
B	256	0	400	0	400	0
C	0	320	0	0	0	500
D	0	0	0	0	400	0
E	0	320	0	320	0	500
F	0	0	400	0	400	500

図8-14 ：部屋の移動戦略ボード最終（Q）

図 8-14 の値をパーセントにしてみましょう。最大値 500 で除算すると図 8-15 のようにパーセントで表せます。 この情報を図 8-8 のフローに当てはめると、図 8-16 のようになります。学習によってこのような情報が得られていれば、エージェントが A の部屋にいたとしても最短経路で麻里ちゃんのいる F 部屋にたどり着けるのです。

アクション（移動先）

状態	A	B	C	D	E	F
A	0	64	0	0	0	0
B	51	0	80	0	80	0
C	0	64	0	0	0	100
D	0	0	0	0	80	0
E	0	64	0	64	0	100
F	0	0	80	0	80	100

図8-15 ：部屋の移動戦略ボード最終（％表記）

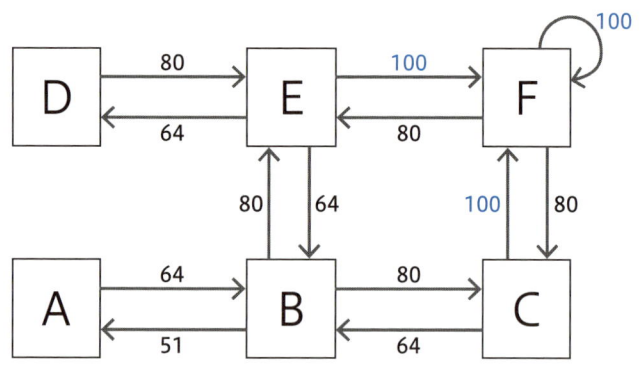

図8-16 ：部屋の移動と報酬フロー最終（％表記）

強化学習の構成

　はい、「麻里ちゃん救出ミッション」で強化学習のイメージがつかめたでしょうか。強化学習は**図 8-17** のように、ある**環境**において、**エージェント**が今の**状態**から**行動**した結果で与えられる**報酬**を最大化するためにエピソードを繰り返す学習法です。上記の救出ミッションでは、環境は 6 つの部屋ゲームで、状態は今いる部屋、行動が移動する部屋、そして報酬が麻里ちゃんに会うです。

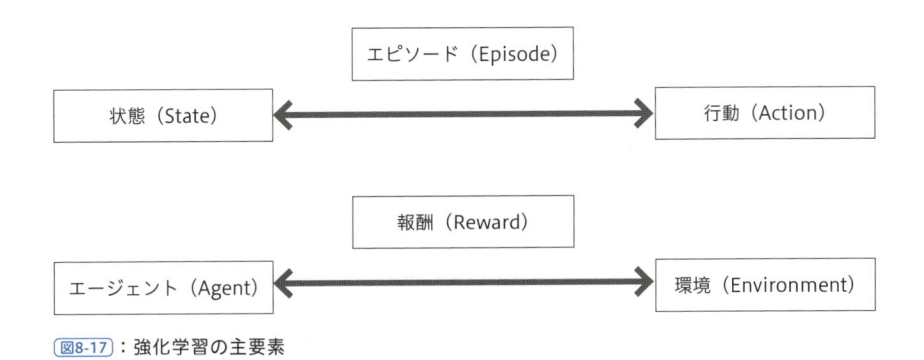

図8-17：強化学習の主要素

強化学習は試行錯誤

：ちょっとぉ〜。報酬が私に会うってなによ。私は別に会わなくてもいいのに…。

：え、あ、じゃあ将棋に置き換えて説明するね。まず、環境は将棋で、エージェントは自分だよね。そして、将来にわたる最大の価値（報酬）は将棋に勝つことになるわな。

：ふむふむ。

：今の状態から次の一手（行動）を指すのに、目先の利益（即時報酬）にとらわれると、捨て駒をするような手が指せないだろう。あくまでも最後に勝つ（将来の価値）を最大化するための一手を指すんだ。

：でも、それってどうやってわかるの？

：その道しるべを得るために、自分対自分で何百万回も対戦し、エピソードごとに結果をQボードに記憶していくわけなんだ。

：結局、試行錯誤した結果を丹念に記録するってことなのね。

：でも、複雑なケースだと試行錯誤も限界があるだろう。だから、やってみて1つずつQ値を記録する代わりに、近似値計算で求める方法が取られるようになってるんだ。

：なーるほど。Q値がある程度たまれば関数で近似できるってわけね。

：お、冴えてるね。この関数近似にニューラルネットワーク技術を適用するようになって、強化学習が注目されるようになっているってわけさ。

：先輩も見習ったらどうですか。あちこち手当たり次第に女子に声をかけるのではなく、もっと傾向と対策を練った方がいいと思いますよ。

：バ、バカ言うなよ。俺は意中の人しか眼中にないタイプなのに…。

：あら、そうなの？それって誰かしら？

：ゴホッ！

　強化学習では、目先の報酬（**Immediate rewards：即時報酬**）ではなく、将来に得られる価値を最大化させるように行動します。そのため、**「ある状態において、ある行動をとったときの価値」**を探索（エピソード）によって求めていきます。この価値のことを **Q 値（状態行動価値）** と呼び、得られた情報（価値の期待値）を Q ボードに記憶しておきます。Q 値は Q(s.a) という関数で表され、s は状態、a はアクションです。例えば、**図 8-15** で Q(E,D) は 64 という期待値が記されています。

> **NOTE** **DQN と Rainbow**
>
> 　強化学習を勉強すると DQN という言葉がよく出てきます。これは Deep Q-Network という Google（Deep Mind社）が開発した人工知能で、ディープラーニングの CNN 技術を使って Q 学習（Q-Learning）を行うものです。2015年に登場して、"ゼロからゲームをプレイして自力で攻略法を見つける人工知能"として脚光を浴び、AlphaGo に採用されてその威力を知らしめて、強化学習の急速なブームの火付け元となりました。その後、さまざまな改良が加えられて、現在は Rainbow という新しいアルゴリズムが誕生しています。

強化学習のアルゴリズム

強化学習にはいくつかのアルゴリズムがあります。ここでは**図 8-18** の**Q-Learning（Q 学習）**、**Sarsa（サルサ）**、**モンテカルロ法**について簡単に説明しましょう。

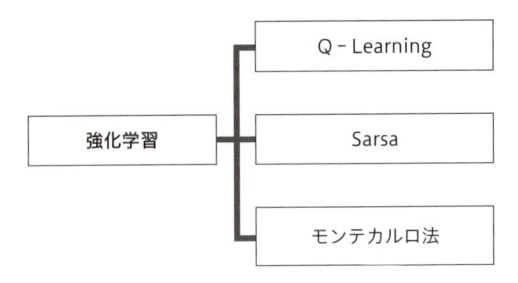

図8-18：強化学習のアルゴリズム

(1) Q-Learning

上記の「麻里ちゃん救出ミッション」では、期待値 Q を求めるのに式 1 のような計算をしました。

Q(状態、アクション)=R(状態、アクション) + γ × Max(Q(次の状態、すべてのアクション)) … **(式 1)**

これにαというパラメータを加えると式 2 となり、これが Q-Learning の基本的な計算式となります。

Q(状態、アクション)=(1-α) Q(状態、アクション) + α (R(状態、アクション + γ × Max(Q(次の状態、すべてのアクション))) … **(式 2)**

αは**学習率**と呼ばれ、Q 値の更新度合いの緩急を決めるパラメータです。この式を単純に書くと次のようになります。

$$Q（現在値）=(1-\alpha)Q（現在値）+\alpha Q（新しい値）$$

α は 0 に近いほど緩慢に、1 に近いほど急激に新しい Q 値を反映します。式 1 では $\alpha=1$ として 1 項目を省略し、最も急激に Q 値を更新していたわけです。

（2）Sarsa

Sarsa(サルサ)の計算式は、式 2 から Max 関数を取っ払った式 3 となります。

$$Q（状態、アクション）=(1-\alpha)Q（状態、アクション）+\alpha（R（状態、アクション）+\gamma Q（次の状態、すべてのアクション））\cdots \text{（式 3）}$$

Q-Learning では、次の状態で取り得る（移動可能な）選択肢の中で最大の期待値を新しい Q 値としていましたが、Sarsa は実際に 1 つずつ行動した結果で Q 値を更新します。

（3）モンテカルロ法

モンテカルロ法は「ランダムに試してみて、その結果から近似値を求めるシミュレーション法」でしたね。AlphaGo の指し手評価にも使われている重要な手法ですので、上記 2 方式との違いを簡単に説明します。

モンテカルロ法も Q 値（戦略ボード）を更新していくのは同じですが、上記 2 つとは違い「次の状態の Q 値」という値を使いません。その代わりに報酬配列を用意します。

①とにかく報酬を得るまで行動する（**図 8-7** の例なら F の部屋にたどり着くまで移動しまくる）
②そこに至るまでのアクションと得られた報酬を報酬配列にすべて記録する
③報酬にたどり着いたら、それまでに記録した配列の平均値で Q 値を式 4 で更新する

$$Q（状態、アクション）=Ave（配列（状態、アクション））\cdots \text{（式 4）}$$

モンテカルロ法は、アクションごとに Q 値を更新する上記 2 法と違い、報酬にたどり着いた時点でそこにたどり着くまでに得た価値（配列に格納した情報）を使って一気に Q 値を更新します。「ちゃんと結果が出ない限り、あなたの日頃行った働きに対して一切評価をしないわよ」という成果主義の権化のような鬼上司なのです。

状態行動空間の爆発

　麻里ちゃん救出ミッションでは、状態とアクションのマトリクス（Q ボード）が小さいので Q 値も限られた数で済みました。しかし、この方法をそのまま囲碁に適用しようとするとそううまくはいきません。囲碁はマス目が 19 × 19 と大きいので、数手指しただけでも「もう、これは過去に同じ局面はないですね」などと解説者が解説します。なので、"ある局面から次の一手" という組み合わせが膨大にあり過ぎて、Q ボードに保存する Q 値が無限大になってしまい破綻します。この問題は、状態行動空間の爆発（The state and action space explosion ploblem）と呼ばれています。

　この問題を解決するために、Q 値を直接求める代わりに関数で近似する方法が考えられました。ある程度 Q 値を取得したところで非線形関数近似を行い、すべての Q 値をプロットしなくても関数で Q 値を推定できるようにするわけです（回帰曲線をイメージしてください）。そして、この関数近似にニューラルネットワーク技術を適用して、近似精度を向上したものが DQN なのです。

* * *

　強化学習の仕組みが海戦ゲームのようなもので、どのように戦略ボードの Q 値を取得してゆくかというイメージは掴めたでしょうか。強化学習は将棋や囲碁などで人間をはるかに超えられることを実証しており、金融取引でも威力を発揮しつつあるようです。今後の発展が楽しみでもあり、ちょっぴり SF 的な不安も感じさせられる技術ですね。

第9章

教師あり学習（回帰と分類）

これまでに「学習方法」と「統計学」と「アルゴリズム」の三角関係のうち、「学習方法」と「統計学」の関係を紐解きました。本章では、もう一辺の「統計学」と「アルゴリズム」の関係について解説します。ディープラーニング（ニューラルネットワーク）ではない、従来からの機械学習アルゴリズムについても理解しておきましょう。

統計学とアルゴリズム

　一般に、機械学習では「アルゴリズムよりデータの方が大切」と言われています。確かに、それは私もしょっちゅう実感しているのですが、良いデータを使ってある程度の認識率を獲得しても、どうしても「もっと良い方法があるのでは」と考えてしまいます。そして、実際に他のアルゴリズムを使ってみて、結果が変わらないこともあれば、結果が良くなることもあります。こうした経験から、やはりアルゴリズムも大切であり、「目的に合ったデータとアルゴリズム」ということを意識する必要があると思っています。

　でも、機械学習のアルゴリズムはたくさんあります。なんでもかんでもディープラーニングが優れているとは限らず、目的と用意できるデータによっては、これらの機械学習アルゴリズムの方が高い精度が得られるのですが、こんなにたくさんあると、どういうときにどのアルゴリズムを使えば良いか迷ってしまいます。

　実は、機械学習を勉強する人にとっては有名な早わかりマップscikit-learn cheat-sheetがあります（**図9-1**）。scikit-learn（サイキット・ラーン）はPythonのオープンソース機械学習ライブラリで、チュートリアルも充実しているため、これを使って機械学習を勉強した人も多いと思います。このマップを見れば、目的と用意できる学習データ量に応じて、どのようなアルゴリズムが良さそう

かの道標がひと目でわかります。

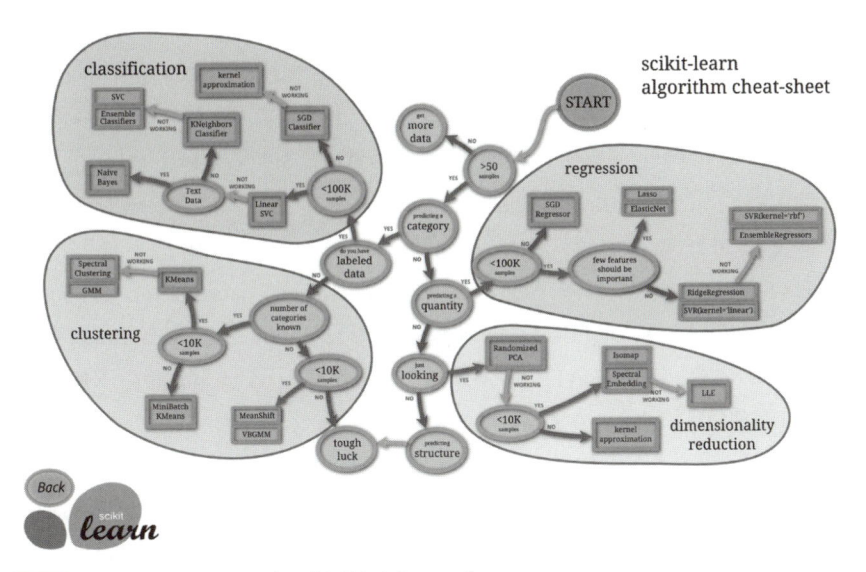

図9-1：scikit-learn のアルゴリズム早わかりマップ

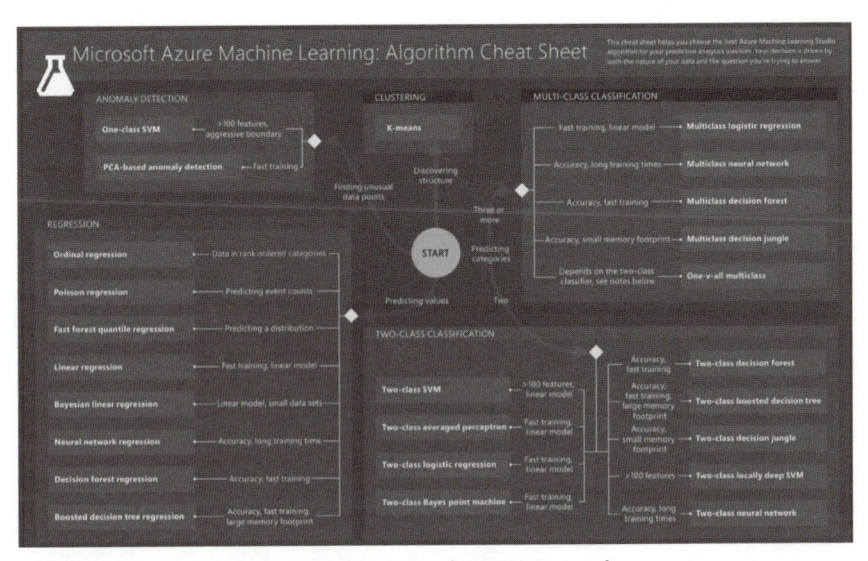

図9-2 ：Azure Machine Learning のアルゴリズム早わかりマップ

ただし、このマップは2013年に公開されたもので、さすがに登場しているアルゴリズムがちょっと古い感があります。多くのアルゴリズムがその後進化しているのです。代わりに重宝するのがMicrosoftの機械学習サービスMicrosoft Azure Machine Learningのホームページに公開されているAlgorism Cheat Sheetです（**図9-2**）。scikit-learn cheat-sheetに敬意を払って同じcheat-sheetという言葉（直訳するとカンニングペーパーの意味）を使っていますね。

　図9-3は、このAlgorism Cheat Sheetに出てくるアルゴリズムを目的別にまとめたものです。Discovering structureはデータ構造を発見するCLUSTERING（クラスタリング）、Finding unusual data pointは異常を検知するANOMALY DETECTION（異常検知）、Predicting categoriesは対象を分類するCLASSIFICATION（分類）、Predicting valuesは値を予測するREGRESSION（回帰）のアルゴリズムが適していると示しています。

　図9-4は、私なりに学習方法と統計学の関係に「線形回帰」や「ロジスティック回帰」などのアルゴリズムを紐付けたものです。本章では、この中から教師あり学習で使われる「回帰」と「分類」の代表的なアルゴリズムを解説します。

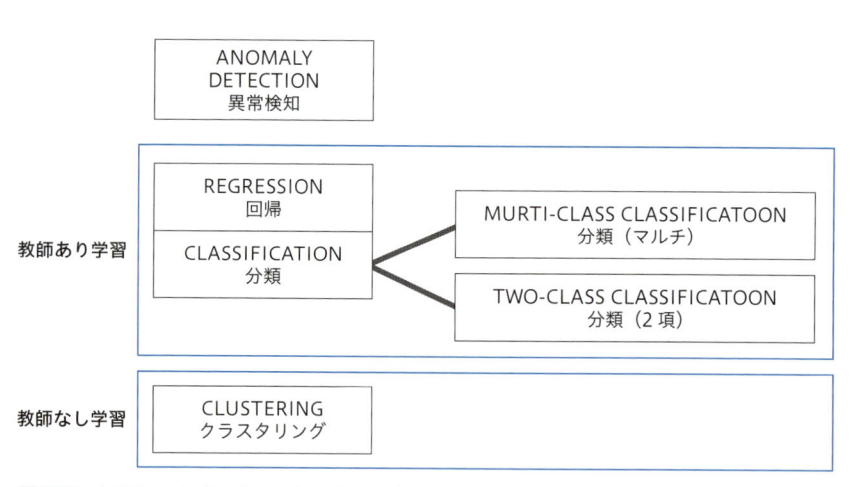

（図9-3）：主要なアルゴリズムのカテゴリー（Algorism Cheat Sheetから抽出）

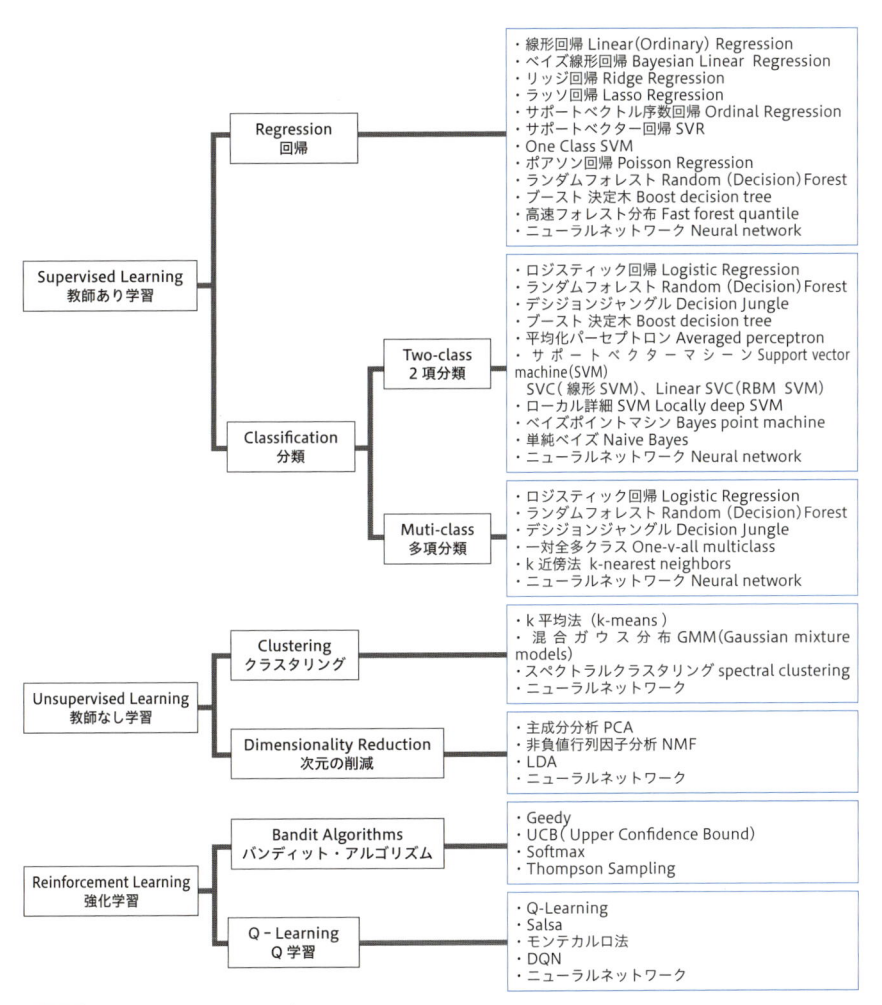

図9-4：機械学習のアルゴリズム

回帰（Regression）

　回帰は、第6章の正則化（Regularization）のところでちらっと出てきましたね。そこでは回帰分析を**「たくさんのデータをプロットしたときに、その関係性を**

表す線（関数）を見出すこと」と説明しました。例えば、**図9-5**のようなデータ分布があった場合に、Ｘ軸とＹ軸の関係を関数で表すことができれば、未知のデータ（x）に対する値（y）を予測することができます。

データ分布から関数を導き出すには、通常、最も近そうな関数（基底関数）を選んで、係数を調節して当てはめる方法が取られます。例えば、**図9-5**のデータ分布に3次関数で当てはめると**図9-6**のようになり、なんとなく良さそうですね。

〔**図9-5**〕：データ分布

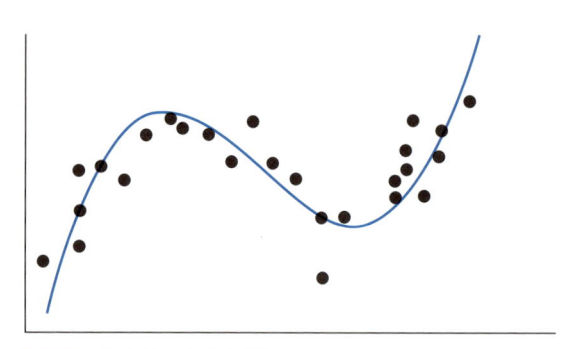

〔**図9-6**〕：線形回帰（3次関数）

実際には、こんなにシンプルな関数で当てはまるケースばかりではないので、多項式基底やガウス基底など、より複雑な基底関数を使ってデータを線でなぞります。このとき、データのノイズ（測定誤差により、本来の関数から離れてしまうデータ）に惑わされると過学習となってしまいます。そのためのノイズ

対策が、正則化で説明したリッジ回帰とラッソ回帰方法でしたね。

ここでは、もう1つのノイズ対策方法としてベイズ線形回帰を紹介します。

(1) ベイズ線形回帰

ベイズ線形回帰を理解するために、まず、ベイズ確率という概念を押さえておきましょう。

・ベイズ確率

前にやったメイド喫茶で麻里ちゃんとじゃんけんする例で説明しましょう。10回じゃんけんして、麻里ちゃんがパーを5回、グーを3回、チョキを2回出したとしましょう。次に麻里ちゃんがパーを出す確率はいくつでしょうか。

じゃんけんですので普通に考えればどの手を出すかは1/3ずつの確率です。でも、「あれ、ひょっとして麻里ちゃんはパーを出しやすい癖があるのでは？」と感じたなら、自分なりに思う確率は1/3よりも大きくなるでしょう。このように個人の主観が入った確率のことを**ベイズ確率**と言います（ベイズさんの理論です）。

ベイズ確率には信頼度（確信度）があります。例えばパーを出す確率を40%くらいと思っているのは、頭の中では**図9-7**のような確率分布で考えているわ

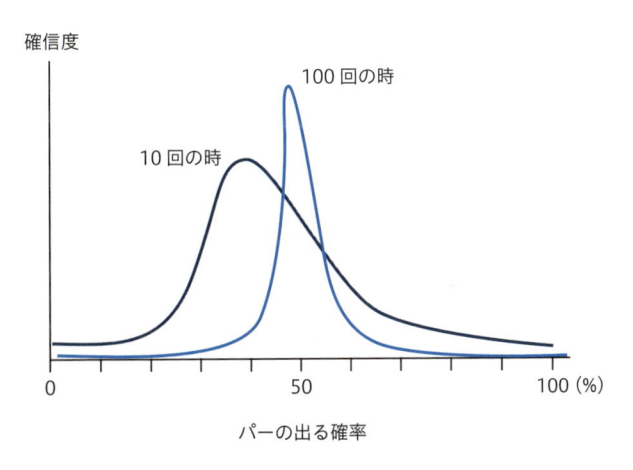

図9-7 ：ベイズ確率における確率と確信度の変化

けです。そして、その思い描く確率は最初33%だったものが10回やって40%になり（左の線）、100回やって50%になり（右の線）、というようにじゃんけんをするうちに変化していきます。

　また、信頼度も同時に変化してゆきます。この例では、じゃんけんをやる度にだんだん確信度が高まって分布曲線は右の線のように尖った形になっていきます。このように探索（じゃんけん）するたびに確率と信頼度が変わることを**ベイズ更新**と言います。

・ベイズ線形回帰

　ベイズ線形回帰は、データ分布から関数を導き出す際に、このベイズ確率を使います。信頼度の高そうなデータと信頼度の低そうなデータ（ノイズっぽい）を同等に扱わず、重みを変えるのです。

　あれ、なんだか以前学んだ下記2つの正則化と同じようですね。そうです、ベイズ線形回帰もまた、アプローチは違えどノイズを過小評価して過学習を防ぐ正則化と同じ結果になるのです。

　　L1ノルム正則化（Lasso回帰）：極端なデータの重みを0にする
　　L2ノルム正則化（Ridge回帰）：極端なデータの重みを0に近づける

（2）サポートベクター回帰

　似たような回帰アルゴリズムにサポートベクター回帰があります。ディープラーニングが脚光を浴びる前によく使われた手法ですが、今でもよく使われていますので押さえておきましょう。サポートベクター回帰を理解するために、まず、サポートベクターマシーンを説明します。

・サポートベクターマシーン（Support vector machine）

　サポートベクターマシーン（SVM）は、教師あり学習によるパターン認識モデルです。SVMは、**マージン最大化**という基準で分類を行います。**図9-8**の例で説明しましょう。

　図9-8は、営業部門と管理部門の人たちの性格診断を行った際の分布です。

X軸は行動スタイルで、右に行くほど積極的で、その逆は慎重な性格です。Y軸は対人性で、社交的か内向的かに分けています。教師あり学習なので営業を●、管理部門を▲というように分けると、（説明の都合上）見事に職掌によって性格分布が偏っていることが見て取れました。

　これを社員の適性診断に利用しようと、▲のデータ群と●のデータ群を線形識別（直線で区切る）で分類するとしましょう。縦の川（行動スタイルだけ）で区切るより、天の川のように斜めに横切る方が川幅が広く取れますね。このように区切る際に、川の中心から川岸までの距離を**マージン**と言います。

　マージンの最大化というのは、川幅を一番大きく取ることです。すなわち、SVMでこの分布をクラス分けする場合は、縦の線ではなく、斜めの線で分類することになります。なお、データの中で川の中心に最も近い位置（川岸）にいるものを**サポートベクトル**と言います。

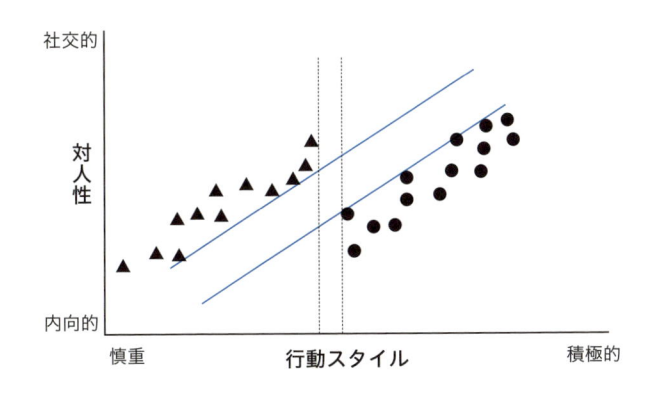

図9-8：サポートベクターマシーン（SVM）

・ソフトマージン

　データには、ノイズ（この場合は個人差）がつきものです。例えば、**図9-9**の丸で囲んだドットのように、他の集団とはちょっと違ったところにデータがあった場合、これらも忠実に考慮して線を引く（ハードマージンと言います）のは困難になります。

　そこで、ある程度はノイズがあると考えて、誤差を許容して線を引く方法が

使われており、これを**ソフトマージン**と呼びます。なお、上記は線形識別（直線で区切る）の例でしたが、もちろん非線形識別（曲線で区切る）の場合もあります。

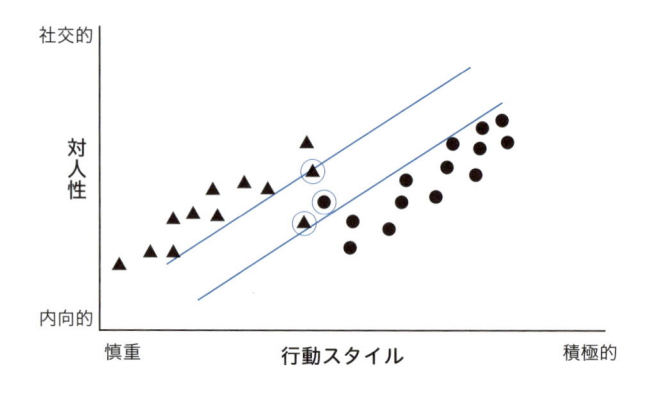

（図9-9）：ソフトマージン

・サポートベクター回帰（Support vector regression）

　以上がSVMを分類に使った場合の説明です。そして、SVMは回帰にも使うことができ、それがサポートベクター回帰（SVR）になります。これは、**図9-10**のように、今度は川の内側にデータがあります。リッジ回帰やロッソ回帰と同じく、誤差（ノイズ）対策を行って過学習を防止するわけですが、SVRはマージンの考え方を取り入れて、誤差に不感帯（川の幅）を設けることでノイズの影響を受けにくくする方法を取っています。

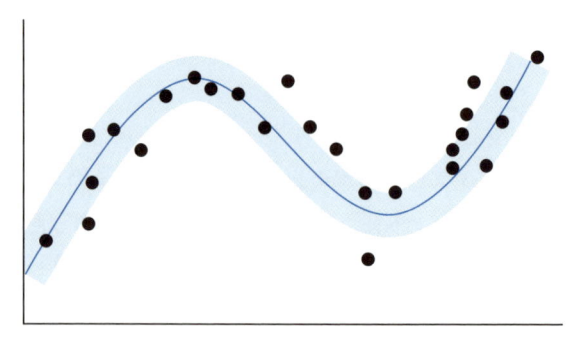

（図9-10）：サポートベクター回帰（SVR）

(3) ランダムフォレスト

ランダムフォレストを理解するために、まず、**決定木（デシジョンツリー）**を説明します。

・決定木（Decision Tree）

決定木（けっていぎ）は、もともとはその言葉通り意思決定を支援する方法です。例えば、第4章で出てきたシチュエーション「焼き肉に誘われたときに行くかどうかの意思決定」を決定木で書くと**図9-11**のようになります。

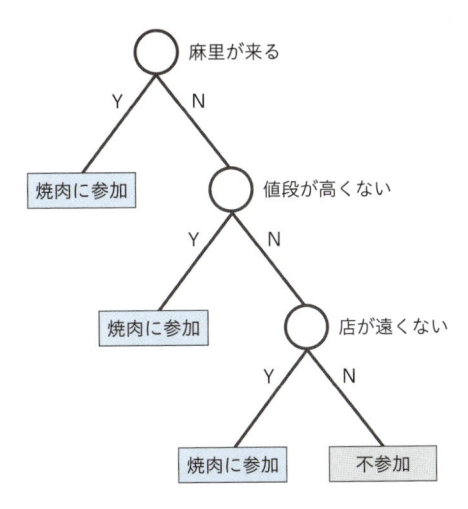

図9-11：意思決定の決定木

機械学習においては、決定木は意思決定というよりも、データを分類するための方法として用いられます。例えば、**図9-12**は焼き肉パーティに20人誘ったとき、条件によって何人参加するかを分析している決定木です。私にしてみれば、麻里ちゃんが来るかどうかがすべてだと思うのですが、同じ想いのライバルは3人しかおらず、価格重視の人が多いということがわかります。

このような決定木は、マーケティングなどにもよく使われます。例えば、イベントの集客で過去のデータを決定木で分析することにより、タレントを呼ぶかどうか、チケットの価格をどうするか、ロケーションをどこにするか、など

の要素でどれくらい集客できるか予想が付けられるという感じです。

　それはともかく、決定木って変な名前ですよね。こんな直訳したのは誰なんでしょう。おまけに重箱読みだし…。デシジョンツリーのままでいいでしょうにね。

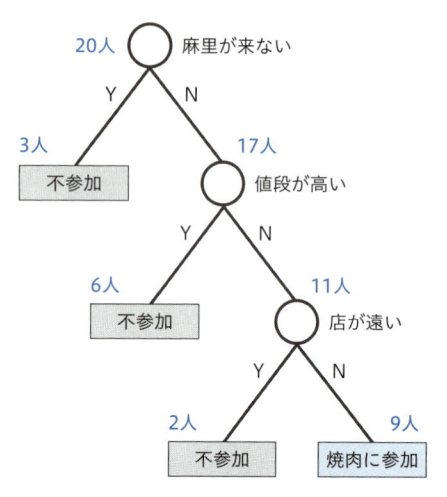

（図9-12）：分析・分類の決定木

NOTE：**分類と回帰の二刀流**

　SVMのように分類に使うアルゴリズムは、回帰にも使える場合があります。大谷選手のような二刀流ですね。そして、**図9-13**のように決定木にも分類木と回帰木があります。まあ、大層な違いというわけでなく、データマイニングで分類するのが分類木、過去のデータを分析して予測に使うのが回帰木です。その定義からすれば、先ほどのイベントの集客予測の例は、回帰木ということになります。

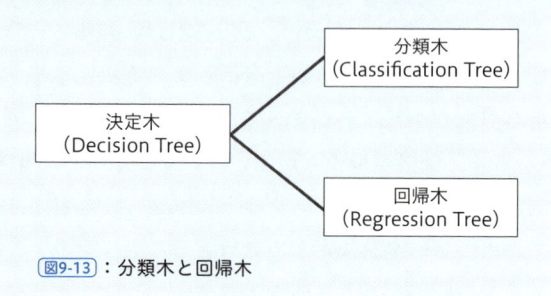

（図9-13）：分類木と回帰木

・ランダムフォレスト (random forest)

　ようやく**ランダムフォレスト**の説明に入れます。ランダムフォレストは、第6章の過学習防止で学んだ**アンサンブル学習**です。アンサンブル学習とは、**個々に学習した複数の学習器を融合させて汎化能力を高める機械学習の技術**でしたね。

　ランダムフォレストは、**図9-14**に示す3つのステップによりアウトプットを得ます。

　①データからランダムサンプリング（バギングと言います）でn組のデータを作る
　②それぞれの決定木を作成する
　③それぞれの決定木の結果を統合する

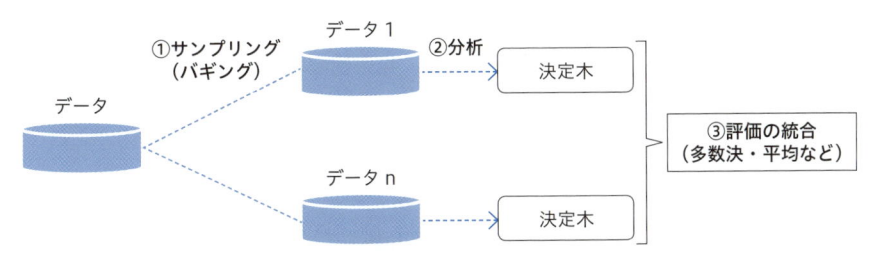

図9-14 ：ランダムフォレスト

　まさにアンサンブル学習ですね。1つのデータ1つの決定木で分析するよりも、ランダムにサンプリングしたデータに対する決定木の結果を統合する方が、より精度の高い結果が得られるわけです。なお、評価の統合は、分類問題では多数決、回帰問題では平均値などが採用されます。

▍分類 (Classification)

　分類には、2項分類(Two-class Classification) と多項分類(Multi-class Classification) があります。2項分類は、その名の通り2つに分類するものです。例えば、製品検査で正常と異常に分けるのは代表的な2項分類です。一方、多

項分類は3つ以上に分類するものです。例えば、当社がホームページで無料公開している花の名前を教えてくれるAI「AISIA FlowerName」は、257種類の花を学習していて、未知の花の写真を見てその中のどれかに分類してくれます。

(1) ロジスティック回帰

上記で**回帰（Regression）**のアルゴリズムの多くが**分類（Classification）**でも使われると説明しました。**ロジスティック回帰**もその1つで、"回帰" という名前がついていますが、実は "分類" でよく利用されます。

このお客は買うか買わないか、この患者は癌を発症するかしないか、このメールは迷惑メールか、こういうお客様たちはダイレクトメールに反応するか、などデータをもとにYes／Noに分類するのが2項分類です。P値の勉強のところでやった「IT業界にB型が多い」という仮説が正しいかどうかも2項分類と言えます。

ロジスティック回帰は、一言で言うと**"発生確率を予測して、確率に応じてYes／Noに分類するもの"**です。う〜ん、これだけだとまだ理解できないので具体例で説明しましょう。

あなたはストーカーです（おいおい、どんな例えだよ！）。近くに住む麻里ちゃんの通勤姿を一目でも見ることができれば幸せな一日です。朝はいいんです。毎朝、7時30分頃に自販機の陰で待っていれば、ほぼ確実に見ることができます。問題は帰りです。そのまま帰宅するときは19時くらいに待っていればいいのですが、食事会などで遅くなる日があるので待ちぼうけの時もあります。

そこで、朝の服装を見て「今日は定時でそのまま帰宅するか」を予測をすることにしました。これまでの感覚では、定時で帰るかどうかは、その日の服装と曜日が因子要因になりそうです。そこで、その2つに着目して**表9-1**に3ヶ月のデータを取ってみました。

日	曜日	おしゃれ度	定時で帰宅
1日	月	おしゃれ	○
2日	火	普通	○
3日	水	普通	○
4日	木	おしゃれ	×
5日	金	普通	○
〜			
30日	木	普通	○
31日	金	おしゃれ	×

表9-1：定時で帰ったかどうかの記録

　3ヶ月のデータを見る限り、どうも木曜日か金曜日におしゃれして出勤した場合は、遅く帰宅するようです。この法則をロジスティック回帰で見つけてみましょう。ただし、ここでは数式で説明しません。こんな感じで分類するのだというイメージが分かれば十分とします。

　まずは、ロジスティックという言葉が付いているロジスティック関数（≒シグモイド関数）を説明しましょう。これは、**図9-15**のようなS字の関数です。ポイントは、Y軸が0から1の範囲ということで、ある事象に応じた確率を尤度関数（後述します）で求め、それを0〜1の範囲で表すものです。上記の例では、2つの変数「曜日」と「おしゃれ」の組み合わせでxの値が決まり、それに応じた定時で帰る確率yが導き出されることになります。閾値X（この図では真ん中の線）より右側なら"定時で帰る"、左側なら"遅くなる"という予測が立てられるわけです。

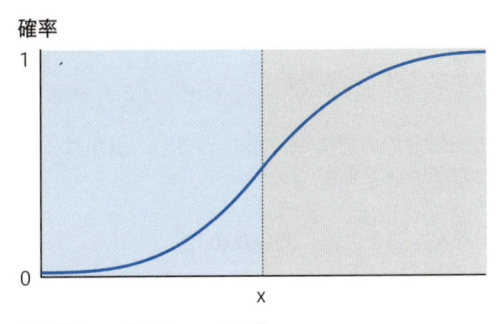

図9-15：ロジスティック関数

尤度とシグモイド

：先輩、"尤度"って何て読むんですか？

：えっ。あれ、なんだっけ（必死に思い出す…）。あ、これは"ゆうど"って読むんだ。

：へぇ～。こんな字、初めて見ました。

：尤という字は、訓読みだと尤も（もっとも）で、英語だと Likelihood なんだよ。

：英語だと、ちょっとピンときますね。

：尤度は確率で表され、それを尤度関数と言うんだ。

：あ、じゃあP値の説明に使った正規分布も確率分布だから尤度関数ですか（**図9-16**）。

：お、よくわかったね。

：もう1つ、シグモイドって言葉もどこかで聞いたような気がするんですが？

：おお、記憶力いいねぇ。人工ニューロンのところで出てきたよ。パーセプトロンの入出力が1か0の二値なのに対し、これが実数であるモデルがシグモイドニューロンだったね。

：先輩は尤度とかシグモイドとか、難しい言葉を覚えていてすごいですね。

：ふふ、そうかな？（にんまり）

：でも、その知識を飲み屋でひけらかしても、引かれるだけってのを覚えておいた方がいいですよ。

：え…、そ、そんなこと、誰に聞いたの!?

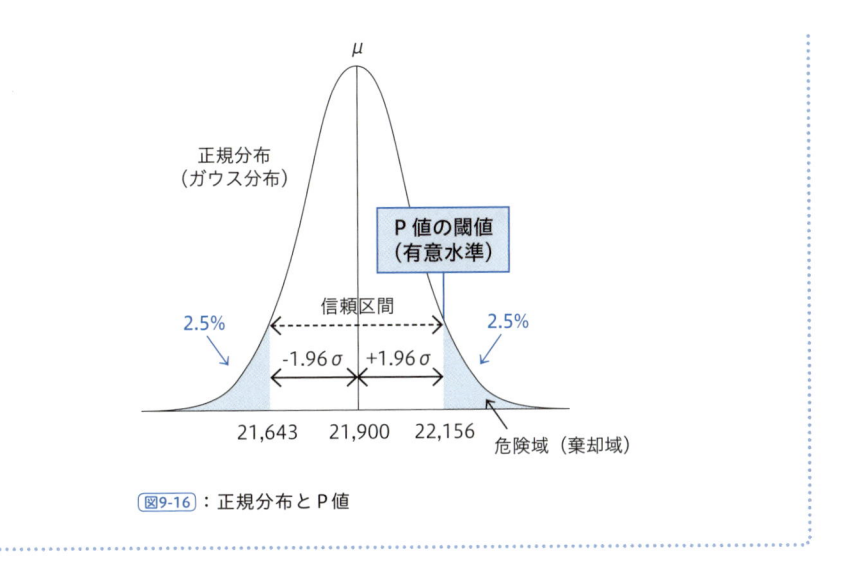

図9-16 ：正規分布と P 値

まあ、非常に大雑把な説明でしたが、ここまで理解した上でもう1度、"**発生確率を予測して、確率に応じて Yes ／ No に分類するもの**"という定義を読めば、今度はわかった感じになると思います。

(2)k 近傍法

次は、多項分類のアルゴリズムをピックアップしましょう。**k 近傍法**です。え、読めるけど自信がない？大丈夫です。合っていますよ。傍は傍観者の傍で、きんぼうほうと読みます。英語だと **Nearest Neighbor** で、直訳すると"**最も近い隣人**"ですね。k 近傍法を一言で言うと、"**類は友を呼ぶ**"です。え、デフォルメし過ぎ？ですね。では、もう少し丁寧に言いなおすと、"**ある未知の値を最も近いグループの仲間とする分類法**"です。

サポートベクターマシーン（SVM） の説明で使った職掌による性格分布を使って説明しましょう。**図9-17**は営業部門の人（●）と管理部門の人（▲）の性格分布です。SVM では、この両者の間を最も川幅（マージン）が大きくなるように斜めに川を流して分類したんでしたね。

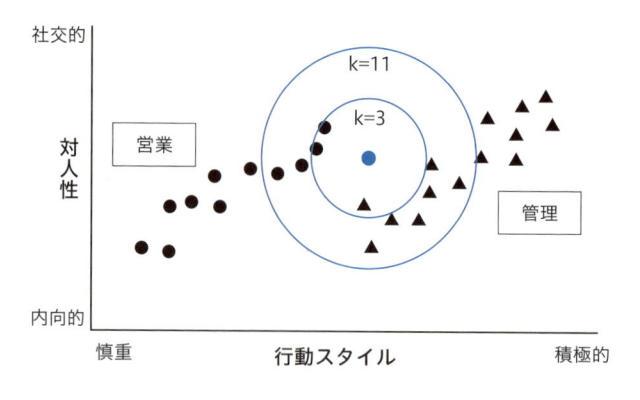

図9-17：k近傍法

　今度はk近傍法で分類してみましょう。新しく入った人の性格診断を行ったところ、●のような結果になりました。さて、この人の適性は営業なのでしょうか、管理部なのでしょうか。

　まずは、k（サンプル数）が3の例でやってみましょう。●（未知のデータ）を中心に3個のサンプルが入る範囲で同心円を描くと、その中に●が2人、▲が1人が入ります。k近傍法は多数決で決めます。その範囲にデータが多い方の仲間とする分類法なので、この場合、新人は●の営業向きと判断されます。

　k=11の例ではどうでしょうか。今度は、●4人、▲7人と▲が優勢となりますので、新人君は管理部向きということになります。近傍法は、こんな感じで、近い方の仲間に分類するというシンプルなアルゴリズムです。データ全体でなく近いデータだけで推測できるので、使いやすい方法です。なお、この例は2次元なので円で範囲を指定していますが、1次元なら線で、3次元なら球で近傍度合いを比較します（あまり高次なものには向かないとされています）。

　上記のようにkの値により結果が異なるケースもあるので、kの値の決め方が重要ですね。よく使われているのは、総数の平方根をkとする方法です。今回はデータ総数が25なので、k=5あたりが良さそうということになるのですが、いくつかkを変えて良さそうなところを使ってみるのもいいでしょう。

　k近傍法は、同じような嗜好を持つユーザーに分類する**顧客セグメンテーショ**

ンやレコメンデーションなどにもよく使われます。次章で解説するクラスタリングと同じ領域で使われますが、**k近傍法は教師あり学習、クラスタリングは教師なし学習**という違いがあることを覚えておいてください。

＊　＊　＊

　本章では教師あり学習で使われる回帰（Regression）のアルゴリズムから、ベイズ線形回帰、サポートベクター回帰、ランダムフォレストの3つを説明しました。これまでに線形回帰、リッジ回帰、ラッソ回帰も簡単に紹介していますので、これで6つ覚えたことになります。また、分類（Classification）のアルゴリズムの中からは、2項分類でよく使われるロジスティック回帰と、多項分類でよく使われるk近傍法を紹介しました。細かなロジックまで知らなくてもいいですが、どんな目的でどんなアルゴリズムが使われるかというイメージは持っていてください。

教師なし学習（クラスタリング）

本章では、いよいよ教師なし学習について解説します。クラスタリングのアルゴリズムとして、k平均法と混合ガウス分布を押さえておきましょう。そして、麻里ちゃんから投げかけられた次元の呪いの説明と、次元削減を行う1つの方法として主成分分析などについても説明します。

▌クラスタリング（Clustering）

　分類（Classification）もクラスタリング（Clustering）も同じく、"分類"を行う機械学習処理です。クラスタリングのクラスタが「房」の意味でグルーピングと同義だということ、分類が教師あり学習なのに対しクラスタリングが教師なし学習であるという違いは、既に第7章で勉強しましたね（**表10-1**）。では、いったい教師なし学習で分類するってのはどういうことなのでしょうか。いくつかのアルゴリズムを説明しますので、イメージをつかんでください。

	学習方法	目的変数	メリット
分類 (Classification)	教師あり	あり	分類制度が高い 目的に合った分類をやってくれる
クラスタリング (Clustering)	教師なし	なし （分類数のみ指定）	学習データが不要 ラベル付けが不要 学習の手間がいらない 予測外の結果が得られる

表10-1：分類（Classification）とクラスタリング（Clustering）の違い

（1）k平均法

　前章で、多項分類の**k近傍法（k Nearest Neighbor）**を学びました。**k平均法（k-means）**というのも、同じような名前で紛らわしいのですが、こちらの方は教師なし学習のクラスタリングに使うアルゴリズムで、全く別物です。k平

均法を一言で言うと、"仮グループごとにその集団の重心を求め、その重心に近いものでグループ再結成することを繰り返す分類法"です。

　例をあげて説明しましょう。店舗とECサイトの両方で販売している小売店が、一度でも購入してくれたことのある顧客がどちらでよく買っているかを調査しました。

①初期状態

　調査結果は、**図10-1**の通りです。**表10-1**にあるように、クラスタリングは目的変数（顧客グループ名）は指定せず、単に分類数だけを指定するところが醍醐味で、予想外の結果が得られることもあります。今回は分類数k=4とします。そうです、k近傍法のkはサンプルデータの数でしたが、k平均法のkは分類数のことで全然違うんです。

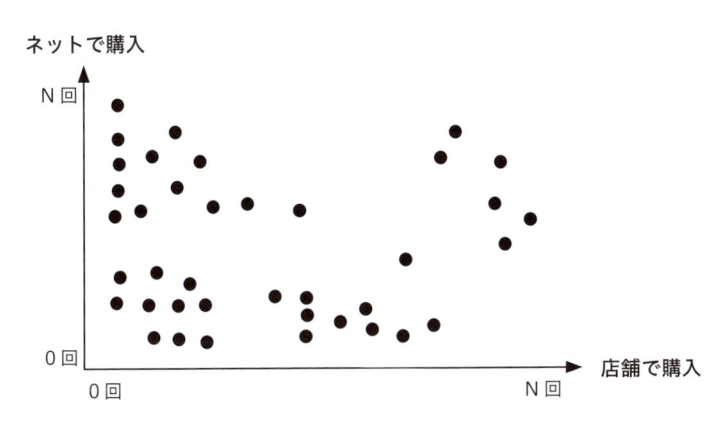

図10-1 ：k平均法（調査結果）

②ランダムに4つに分類

　人が見ると、こんな感じに分類すればいいのにって思うわけですが、とりあえず**図10-2**のようにランダムに4種類（●、▲、■、×）に振り分けます。バラバラであちゃーって感じの割り振りですが、この後の処理を繰り返していくことで、いい感じにグルーピングされていくわけです。

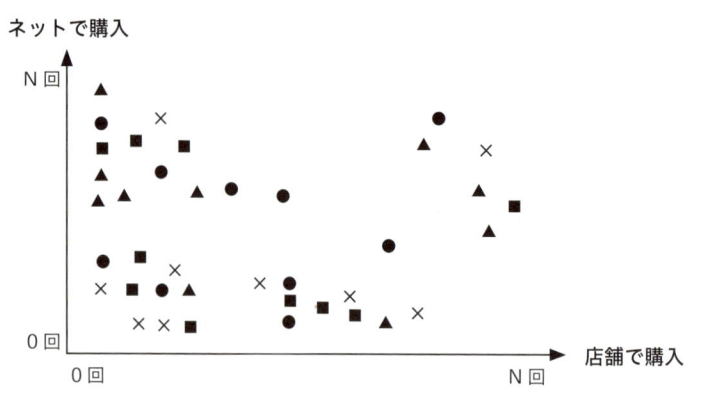

（図10-2）：k平均法（初期振り分け）

③重心を求める

　図10-3のように、4つのクラスタ（●、▲、■、×）ごとに重心を求めます。重心とは、各データの座標の平均値で、このことからk平均法と呼ばれていることがわかります。

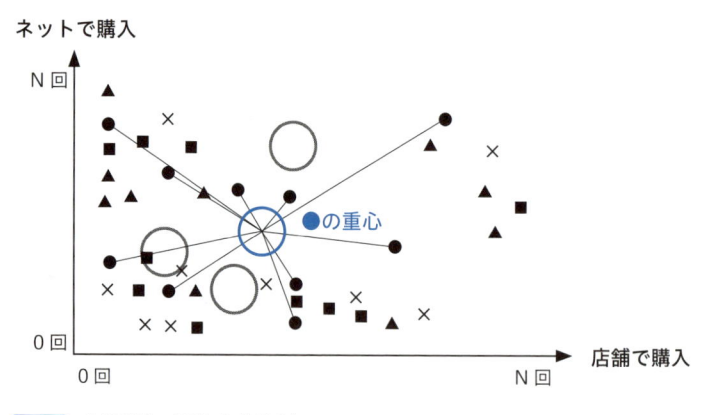

（図10-3）：k平均法（重心を求める）

④一番近い重心の色に染まる

　図10-4のように、各データを一番近い重心の形に置き替えます。これで、だいぶクラスタっぽくなってきましたね。

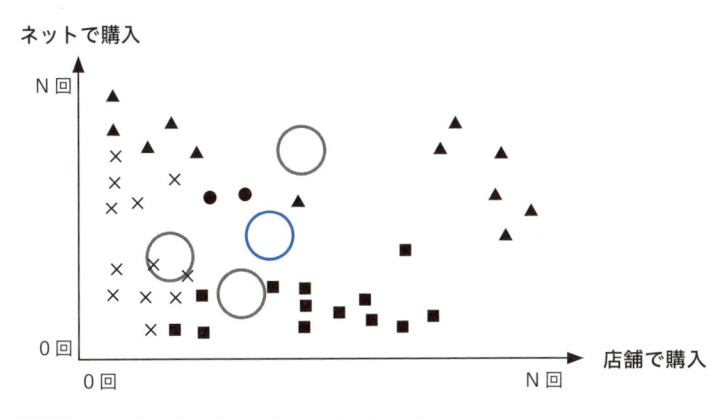

図10-4 ：k平均法（一番近い重心の形に変わる）

⑤重心が動かなくなるまで③と④を繰り返す

　③に戻って重心を再計算します。そして③と④を繰り返して**図10-5**のように重心が動かなくなったら、クラスタリング終了ということになります。この結果に対してグループ名を付けるとしたら、例えば、▲：ロイヤル顧客、●：ネット顧客、■：店舗顧客、×：ランクアップ顧客という感じでしょうか。先にグループ名（ラベル）を決めて分類するClassificationに対し、Clusteringはグルーピングした後で適切なグループ名を付ける感じになります。

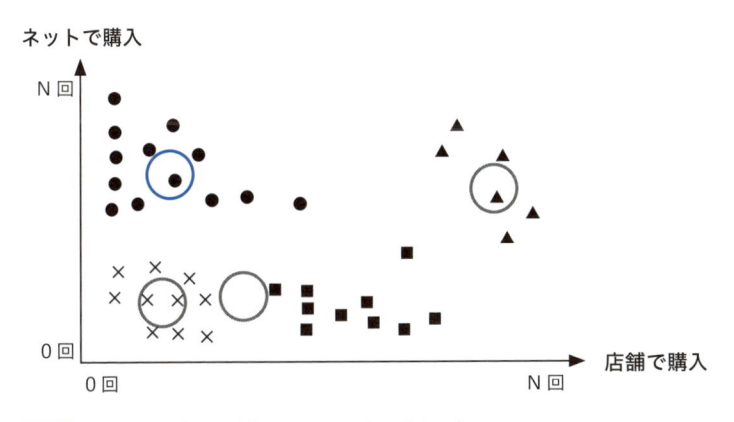

図10-5 ：k平均法（重心が動かなくなったら終わり）

k平均法は、実は初期値（②の割り振り）によって結果が異なります。なので、実際は全くランダムというよりも、少し狙いを付けて初期値を設定したり、初期値を何回か変えて分析を行うなどの処理も行われます。また、この例は2次元でしたが、k近傍法と同じように3次元、4次元と次元を増やして行うことも可能です。

> **NOTE：ハードクラスタリングとソフトクラスタリング**
>
> SVMの説明で、ハードマシーンとソフトマシーンという言葉が出てきましたが、クラスタリングにもハードとソフトの使い分けがあります。k平均法では、1つのデータは1つのクラスタにのみ分類されますが、これをハードクラスタリングと呼びます。一方、混合ガウスモデルのように、1つのデータが確率的に複数のクラスタに属することができる方法は、ソフトクラスタリングと呼ばれています。

(2) 混合ガウス分布

k平均法は、座標の近さをベースにクラスタリングするので、基本的には、クラスタは円（3次元なら球）という考えに基づいています。そのため、細長いクラスタがあった場合にはうまく分類することができません。また、クラスタのサイズに依らずに近さだけで判定するので、クラスタのサイズが大きく違う場合にも不都合が生じます。そこで登場したのが、**混合ガウス分布**と**EMアルゴリズム**です。

混合ガウス分布（Gaussian mixture models）を一言で言うと、**"データが複数のクラスタに属する確率を要因（次元）ごとに重ね合わせてEMを繰り返すk平均法の改良モデル"**です。あれ、まだ、ちょっとピンときませんね。

まず第一に言葉が難しそうです。混合ガウス分布って、なんだか聞いただけで腰が引けそうですね。それなら、言葉に惑わされないように名前の理解から入ってみましょう。まずは、**"ガウス"**です。前章の尤度関数のところで正規分布が出てきましたが、ガウス分布とは正規分布のことでしたね。正規分布＝確率分布のことなので、確率を使った手法であることがわかります。

では、**"混合"**はどうでしょうか。これは、複数のガウス分布を重ね合わせて結果を評価することを指しています。例えば、上記の例で言えば、Xの値（店舗で購入）から4つのクラスタに属する確率をガウス分布で求め、Yの値（ECで購入）からも同じく4つのクラスタに属する確率を求め、それぞれのガウス分布を重ね合わ（混合）せて、個々のデータが4つのクラスタに属する確率を求めます。

後は、下記のEMアルゴリズムを繰り返せばいいわけです。k平均法を理解した後なので、混合ガウス分布も言葉に脅かされるほどには難しくなかったですよね。

▍次元の呪い

あ、久しぶりに麻里ちゃんがやってきました。思わず心が弾んでくるのを感じつつ、最近、妙に人工知能について聞きかじっているので、またどんな質問が飛び出すかってことでも少しドキドキします。

「次元の呪いってな～に？」

お、今回は久しぶりにまともな質問です。まさか、映画のタイトルと勘違いしているわけではなさそうです（それはそれで、こんな映画があったらヒットしそうな予感もしますが…）。さて、っと説明しようとして、分っているはず

の次元というものの深みにはまってしまいました。1次元が線、2次元が面、3次元が立体ということ、そして4次元になるとウルトラQの世界（古いっ）ということはわかりますが（あ、ウルトラQはわからなくていいです）、いったい次元ってなんでしょうか。

その4次元の世界から来た怪獣に、"初めてのお使い"でバレーボールを買ってきてもらうことにしましょう（また、無茶苦茶な設定ですが…）。バレーボールを見たことがない怪獣ですので、バレーボールの特徴を伝えて見極めてもらう必要があります。バレーボールの特徴点ってどんなものがあるでしょうか。

1つは丸い球体であることですね。これでラグビーやアメフトのボールと間違えることはないでしょう。そして大きさが両手を伸ばして挟める程度（直径20cm程度）というのも重要で、これで野球やテニス、ゴルフボール、バランスボールと明確に区別できます。でも、この2つだけでは、まだサッカーボールやバスケットボール、水球、ハンドボール、ボーリングのボールなどと見分けるのは難しそうです。

色が白ってのも入れましょうか。と思ったら、それは古臭い感覚で、最近は**図10-6**のようにカラフルなボールが主流でダメでした。代わりに重さが軽い（270g前後）は有効そうな指標で、バスケットボール（600g前後）やサッカーボール（410g前後）、ボーリングのボールなどと区別できそうです。このほかにも、内圧、弾力性、触感、硬さ、模様など、追加で情報を付け加えれば、4次元怪獣は間違いなくバレーボールを買ってくることができるでしょう。

もうお分かりですね。これら1つ1つの特徴点（説明変数とも言います）が"次元"です。さきほど4次元以上って存在しないのではって思ったのは、あくまでも空間における次元をイメージしているからで、世の中には次元はいくらでもあります。勘のいいひとはもうお分かりの通り、このAIにおける次元は、BI（ビジネス・インテリジェント）におけるディメンションであ

図10-6：バレーボール

り、もっと古い人向けには"顧客別部門別月次売上表"という帳票における顧客、部門、月という集計単位です。

　50次元、100次元というように特徴点（次元）を増やすほど精度は高まります。しかし、BIにおいて、ディメンションを多くし過ぎるとデータ量が爆発する問題があったことを思い出してください。それと同じく、機械学習においても、高次元になると認識すべき組み合わせは指数関数的に増えてしまい、学習データの用意や学習の難易度が跳ね上がってしまいます。そして悪いことに、過学習の原因にもなってしまいます。　はい、このような困った問題を**「次元の呪い (Curse of Dimensionality)」**と呼ぶのです。

次元の呪いと上野の麻辣大学のゴマ団子

：うわっ、なに。このゴマ団子超でかい！直径30cmはあるよね！（図10-7）

：ふふ、でしょう！これ、ここの名物料理で、食べてもかなりイケるんだ。

：モグモグ…あ、ほんとだ。中に餡は入っていないけど、ほんのり甘くてすごくおいしい！

：一握りの材料を達人技で延ばしてゆくことで、中が空洞、皮がパリッと優しい甘みの食感になってるんだ。

：で、なんで急に巨大ゴマ団子ごちそうしてくれることにしたの？

：えーと。4次元怪獣がこれを買ってきたってオチにしようかと思って…。

：なにその昭和っぽいキャラクター？

：あれ、そうかな？まあ、実は、このゴマ団子を次元の呪いの説明に使おうって思ったんだ。

：えぇ…。これが説明になるの？

：（じぃーと団子を見つめて）うん、やっぱりゴマ団子使うのはやめよう。

：なにそれ？ なんでもいいからわかりやすくお願いね。

：うん、まずは次元ね。モノを特徴付ける、丸い、大きい、柔らかい、白い、などの尺度を次元と言うんだ。

：ふむふむ、3次元までとは限らないのね。

：次元を増やせば増やすほど正確にそのモノの特徴を表すことができるんだ。でも、次元数が大きくなると1つ次元が増えるたびに爆発的に組み合わせが増えてしまって、そんな学習データを用意できなくなってしまう。

：な〜るほど。その問題を次元の呪いというんだ。

：おぉ、飲み込み早いねえ。

：でも、ゴマ団子との関係がわからなくなったわ。今度はそっちが気になるから教えてよ。

：あ、いや、その説明はややこしいからまた今度ね。とりあえず今日はゴマ団子楽しもうよ。

：え、じゃあ、なんでこのお店に2人で来たの？まあ、ゴチだからいいけど。

図10-7：麻辣大学の巨大（30cm）ゴマ団子

次元削減

　さて、次元の呪いがわかったところで、いよいよ次元削減（Dimensionality Reduction）です。次元削減とは、「目的（分類や回帰）を達成できる限りの最小の次元にして、次元の呪いを回避すること」です。ポイントは"目的に応じた次元"という考え方です。上記のバレーボールの例で言えば、もし、買いに行ったお店にバレーボール以外に野球のボールとラグビーボールしかなければ、重さや色、内圧、弾力性などの次元をカットして、形状（丸い）と大きさ（20cmくらい）の2次元（特徴）だけでも認識（目的を達成）できます。

　次元削減は、厳密に言うと、特徴選択と次元削減の2ステップに分けることができます。

(1) 特徴選択
　考えられる特徴の中から、有用なものを厳選するのが特徴選択です。会社の予算の立て方にトップダウンとボトムアップ（積み上げ）があるように、2方向の選択方法があります。

・前向き法…有用な特徴点を1つずつ選択追加していく
・後ろ向き法…不要な特徴点を1つずつ削除していく

　後ろ向き法には、Lasso回帰や決定木などのテクニックも使われます。Lasso回帰は極端な意見の排除ですから、ノイズっぽい次元を無視する方法ですね。そして、決定木は意見が割れない分岐の削除（割れないならなくてもかまわない）によって影響の少ない次元を見つけ出す方法となります。

(2) 次元削減
　次元削減には、Lasso回帰や決定木などを使って取り除いても影響のない次元を見つけ出し、これを削減する方法がシンプルで分かりやすいでしょう。このほかに、もともとの次元を掛け合わせて新たな次元を生成する主成分分析と

いうテクニックがあります。これについて少し説明しましょう。

主成分分析（PCA：Principal Component Analysis）

主成分分析（PCA）とは、データ全体の分布を近似した新たな指標を合成して次元を削減する方法です。例えば、「重量」「内圧」「弾力性」「硬さ」「触感」という5つの要素を掛け合わせて（直交して）、「ふわふわ度」「すべすべ感」なる2つの指標にうまく合成することができれば、5次元を2次元に減らすことができます。この合成された指標のことを「主成分」と言います。

主成分には、寄与率に応じた序列があります。寄与率とは、元データ（重量、内圧、弾力性、硬さ、触感）に対する相関の強さを表す値で、例えば**図10-8**のような寄与率だった場合、「ふわふわ度」は第3主成分、「すべすべ感」が第4主成分となります。第4主成分までで寄与率の合計が0.95となっています。通常、元データの90%を近似できれば十分とされていますので、次元としてはここまででOKと判断する目安になります。

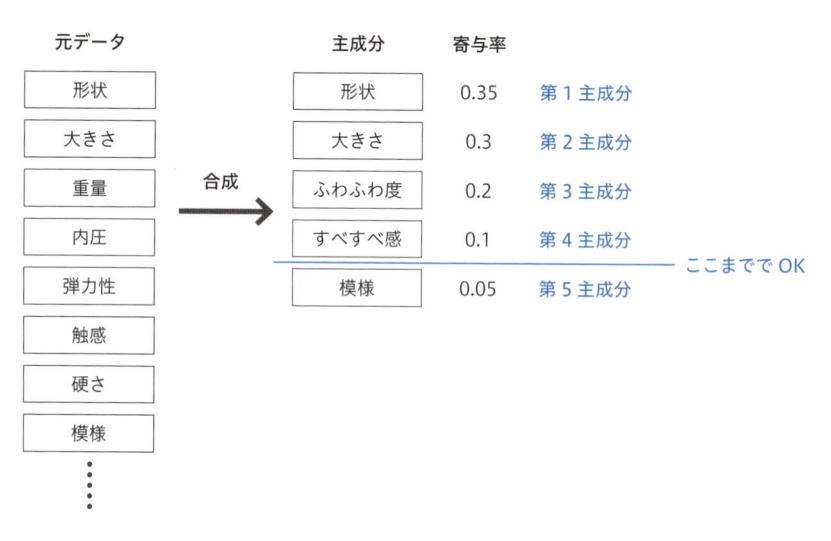

図10-8：主成分分析

なお、scikit-learn や Microsoft の Algorism Cheat Sheet では、次元削減を教師なし学習のアルゴリズムとして位置づけていますが、本来は回帰や分類、Q学習などのように何かを行うためのアルゴリズムではなく、それらのアルゴリズムを支援するためのテクニックです。教師なし学習だけでなく、教師あり学習における学習データ作成時にも有効利用できますので、次元抽出と次元削減のテクニックを覚えておくと便利です。

＊　＊　＊

　本章では、教師なし学習のクラスタリング(Clustering)と次元の削減について解説しました。あ、最後に、なぜ巨大ゴマ団子が突然登場したか気になる人のために少しヒントを挙げておきます。次元削減の有名な話に、サクサクメロンパンやフランスパンの例えがあります。いわく、3次元で普通のメロンパンが高次元になると中までぎっしり皮になるという話です。
　これを今、巷で話題の巨大ゴマ団子で例えようかと思ったのですが、我々は空間の概念が3次元までという人生を過ごしてきているので、かえってわかりにくいかと思ってやめたのでした。興味のある人は、サクサクメロンパンで調べてみてください。

第11章

畳み込みニューラルネットワーク(CNN)

これまで機械学習のアルゴリズムを勉強してきましたが、本章ではいよいよディープラーニングのアルゴリズムに入ります。まずは、最も代表的なモデルである畳み込みニューラルネットワーク (Convolutional neural network) について説明しましょう。

▌畳み込みニューラルネットワーク (CNN) とは

　畳み込みニューラルネットワーク(CNN)は、画像認識などによく使われるニューラルネットワークの構造ですが、最近では自然言語処理(NLP)など他の用途にも使われ始めています。これを一言で表すと、「殺人現場から犯人の痕跡や特徴を割り出して追及を続け、ついに犯人を見つけ出す敏腕刑事」です。

　うん？　わかりにくいですか。では、望遠鏡や釣り竿の筒をイメージしてください。そのイメージを持ったまま、転移学習の際に使った**図11-1**のVGG16をもとにCNNの構造について説明しましょう。

麻里ちゃんのAI奮闘記

畳み込みってなに？

　：畳み込みってどういう意味？

　：はい、出たよ。ほとんどの人が意識せず使っているのに、なんでそんなことに疑問を持つの？（ま、そこがいいとこなんだ…）

　：だって畳み込むって、スポーツや討論などで相手を圧倒するときに使う言葉でしょう？

　：英語がConvolutional Neural Networkでその直訳だからでしょ。

：それじゃ説明になってないわ。

：う〜ん。実は、数学で畳み込み級数 (telescoping series) というものがあるんだ。

：ほう。

：で、Wikiによると「各項からその近くの後続または先行する項と打ち消しあう部分をとりだして、次々に項が消えていくことで和が求まるような級数」って説明がある。

：ほうほう。

：telescopingという単語は望遠鏡、つまり望遠鏡の筒を畳み込むような構造を表しているネットワークだから畳み込み (Convolutional) という名前なんだよ。

：なるほど。

：ふふ。妙なところに疑問を持つのは悪いことじゃないけど、ほどほどにね。（余裕の表情）

：あれ、でも級数のtelescopingを畳み込みって名訳したところに、今度は英語自体がconvolutionalという単語を使ったってこと？ 英語でもtelescopingとconvolutionalはつながってるの？

：えっ（どうして、また、そんなとこに引っかかるかなぁ…）!? う〜ん、確か、convolutional も、as a "telescoping" とか "modeled by telescoping structures などと解説されていたから、英語でもちゃんとつながっているよ。

：先輩、すご〜い博識！

：麻里ちゃんと一緒にいると、雑学王になれそうだよ。

：あれ、そもそもの日本語の"畳み"と"畳み込み"ってどういうつながりなの。というか、そもそも何であれを畳みって呼ぶのかしら。

：うへぇ…。またかよ…。

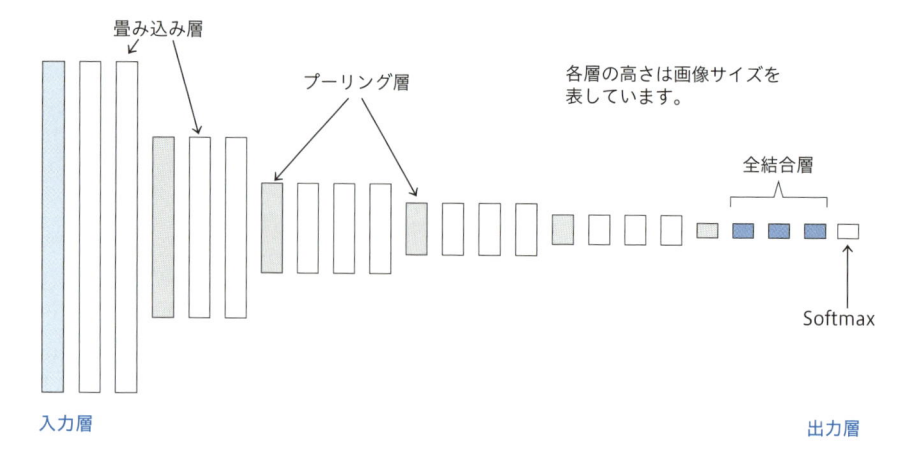

入力層

出力層

図11-1：VGG16のCNN構造

入力層（Input Layer）

　画像認識の場合、入力層は画像データになります。**図11-1**を見ると、いくつかの畳み込み層の後にプーリング層（Pooling layer）があって、それを何回か繰り返した後に、全結合層で全結合した多層パーセプトロンが配置される構成になっています。ここではデフォルメした層で表していますが、各層は**図**

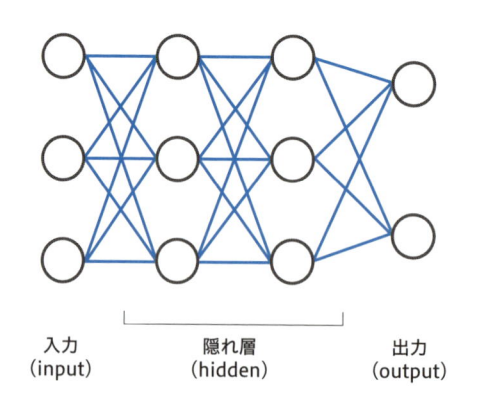

入力
(input)

隠れ層
(hidden)

出力
(output)

図11-2：ニューラルネットワークモデル

11-2のようなパーセプトロン（シグモイドニューロン）のノードから構成されています。

▍畳み込み層 (Convolutional layer)

　畳み込み層は、元の画像からフィルタにより特徴点を凝縮する処理で、次のような特徴があります。

　①畳み込み層は、元の画像にフィルタをかけて特徴マップを出力する（構成性）
　②特徴マップのサイズは元の画像より少し小さくなる（元画像とフィルタのサイズによってサイズが変わる）
　③画像全体をフィルタがスライドするので、特徴がどこにあっても抽出できる（移動不変性または位置不変性）
　④フィルタは自動作成され、学習により変わっていく（誤差逆伝搬）
　⑤フィルタの数だけ特徴マップが出力される

　CNNの説明は、画像の文字がバツなのかを判定するRohrer氏の解説がわかりやすいでしょう。今回は、それをオマージュしてマルを見分ける流れで説明します。**図11-3**のマルとバツ、人間なら子供でも一目で見分けられますね。でも、コンピュータは全体のイメージで判断できず、ピクセル単位で白(=-1)か黒(1)で画素を認識することしかできません。まるで**「群盲象をなでる」**なんです（あ、この言葉、知ってますか？）。
　全く同じ大きさ、形の文字なら、ピクセルの全体配置をまるごと記録してそれと比較すればいいでしょう。でも、その方法だと文字が変形したり回転したり縮小するだけで違うものとみなされます。機械学習とは違い、雑多な文字でも読める人間的な柔軟性を持った分類こそAIの十八番（おはこ）なのです。
　図11-3では、元の画像(9×9ピクセル)を3つの異なるフィルタ（3×3ピクセル）ごとに比較しています。以前はこのようなフィルタを人が用意していたのですが、ディープラーニングでは学習により自動作成され、学習が進む中で変化します（真ん中のフィルタなんかはマルの特徴をいい感じでとらえていますね）。

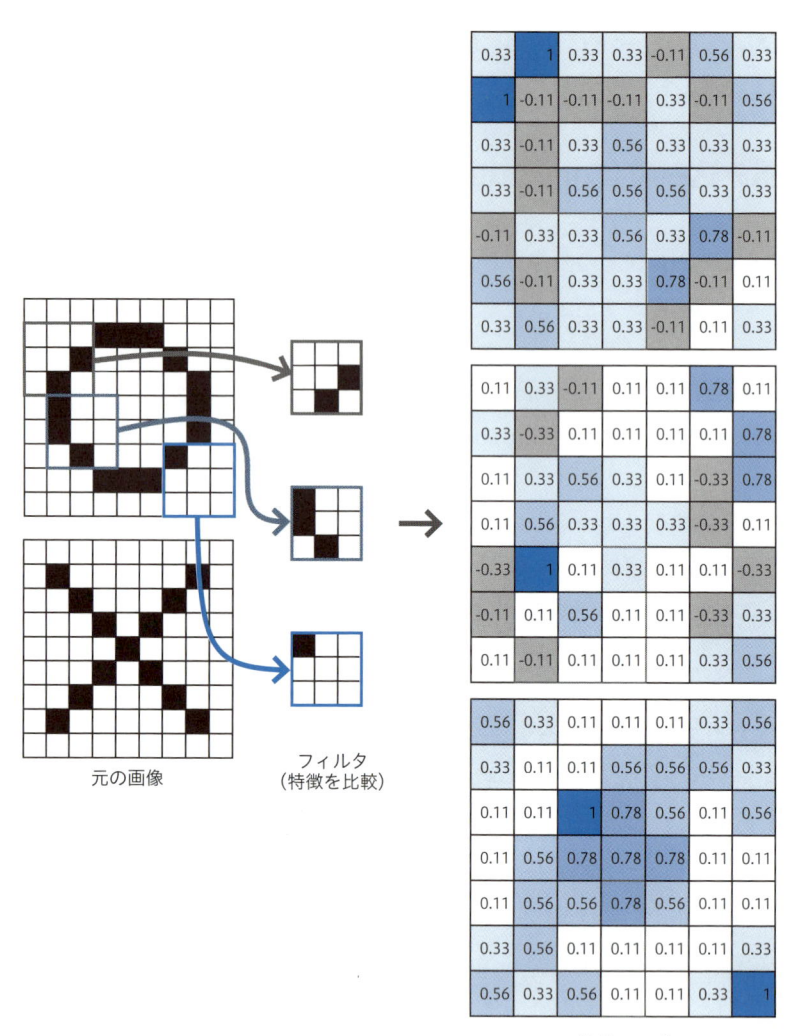

元の画像　フィルタ　（特徴を比較）

特徴マップ

図11-3 ：畳み込み層のフィルタ処理

元画像が、各フィルタの特徴にどれくらい一致するかを数値計算するのが畳み込み計算です。

　元の画像（9×9ピクセル）がどのような計算で右の特徴マップ（7×7ピクセル）の数値になるのか、図11-4で説明しましょう。

- 元の画像の左上から1ピクセルごと順番に、フィルタ（特徴）と一致するかを比較する。
- 黒が1、白が-1なので、数値が一致すれば黒は1×1、白は-1×-1でどちらも1になり、不一致なら-1になる。
- 9マスの値の合計を9で割った数を一致度として特徴マップにセットする。

　例えば、左上をフィルタと比較すると、一致5つ、不一致4つなので、9マス合計は5×1+4×-1=1となり、それを9で割って0.11となります。この数値が1に近いほど一致度が高く、-1に近づくほど不一致ということになります。左上から順番にやっていくと、9×9マスが7×7マスになるのがわかりますね。元の画像をフィルタ処理したものを特徴マップと言います。特徴マップの値は、黒が1、白が-1としたOn／Offの数字ではなく、一致度を表す数値ということを混同しないように注意してください。

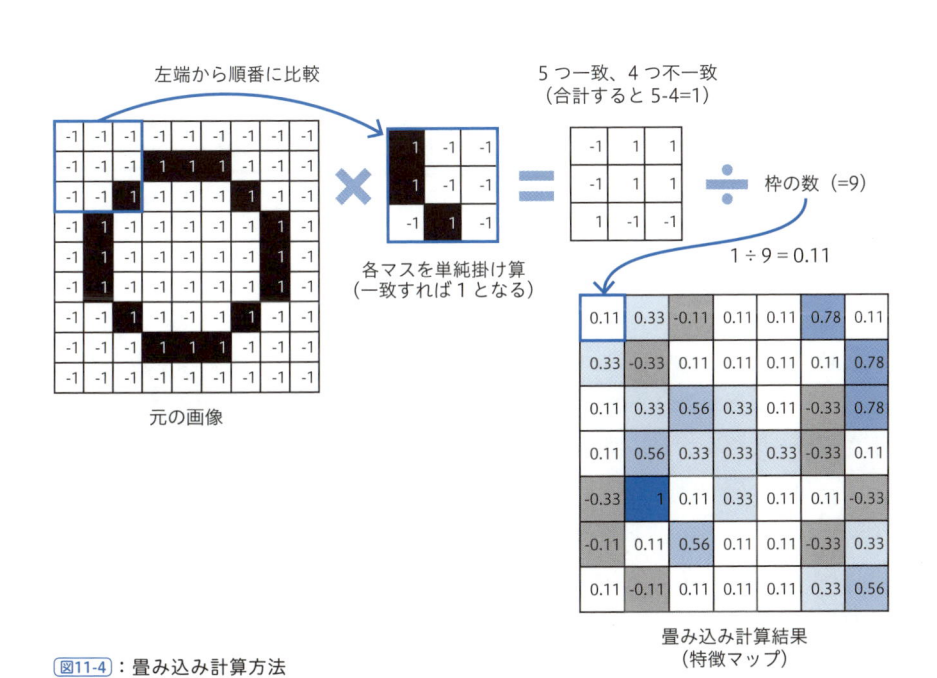

図11-4：畳み込み計算方法

これらの畳み込み計算は単純計算なのですがそれなりに量があります（私は電卓片手にやったので肩が凝りました）。この例はモノクロなのでチャネルは1つですが、カラーだとRGBで表されるので3チャンネル（元の画像が3枚）となり、その分フィルタの数も3倍となり、出力（特徴マップ）も3倍になります。普通の写真を見分けることを想定すると、特徴フィルタの数や深層学習の層の深さから膨大な計算になることが容易に想像できます。

AIチップの説明で、汎用的な処理向き（if〜else〜が得意）のCPUと比べ、1個当たり数十〜数千コアを持つGPUはシンプルな処理向き（for〜loopが得意）と説明しましたが、まさにこのような“象をなでるような”計算がGPUの得意技なのです。

▍プーリング層（Pooling layer）

図11-1をもう一度参照してください。何回か畳み込み処理を繰り返した後にプーリング層があります。プーリング層は前の層の画像よりサイズがだいぶ小さくなっていますが、何をしているのでしょうか。

プーリング層では、特徴として重要な情報を残しながら元の画像を縮小します。4つのピクセルを1ピクセルに凝縮する図11-5の例で説明しましょう。畳み込み計算結果の左上から順番に4ピクセルずつ抽出して、4つのピクセルの最大値を代表として選び1ピクセルとして画像にセットします。左上から4マスずつ抽出するので、特徴マップが奇数だと最後が少しダブるのですが、プーリン

グされた画像を見るときちんと元画像の特徴を持ちながら、4分の1に凝縮されている感じがうかがえます。このプーリングされた画像が、次の畳み込み層の入力画像になって、前の層とは別の新たなフィルタ群と比較されるわけです。

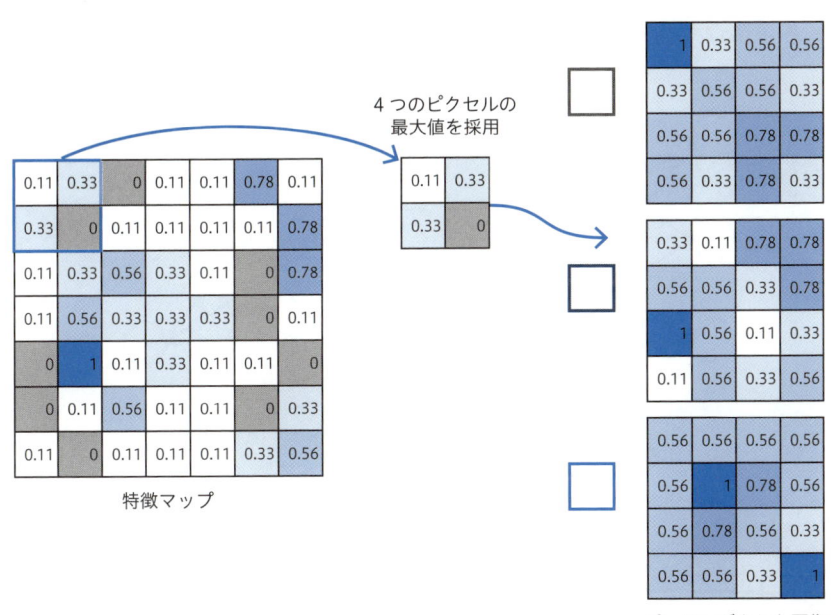

図11-5：プーリング層の凝縮処理

　特徴を残しながら情報量を削減するってのは、次元の呪いから逃れるための次元削減（第10章参照）と同じですね。特徴点を抽出しては圧縮し、特徴点を抽出しては圧縮し、という処理を繰り返し、下流工程の計算処理を楽にするのがCNNというディープラーニングなのです。イメージとしては、濃縮を繰り返して純度を上げてゆく化学の実験でしょうか。

　プーリングには、特徴の位置感度を低下することで、位置に対するロバスト性を高める効果もあります。プーリング処理することによって、画像が数ピクセル移動したり、回転したりしても、それらの違いを吸収してほぼ同じ値を出力してくれるようになります。

全結合層（Fully Connected layer）

　多層パーセプトロンで結合を表すと**図11-6**のようになります。ノードからノードに全て結合するのが全結合で、全てでない手抜きが非全結合です。実は畳み込み層やプーリング層では、全結合を計算すると処理が膨大になってしまうので、非全結合で処理していたのです。

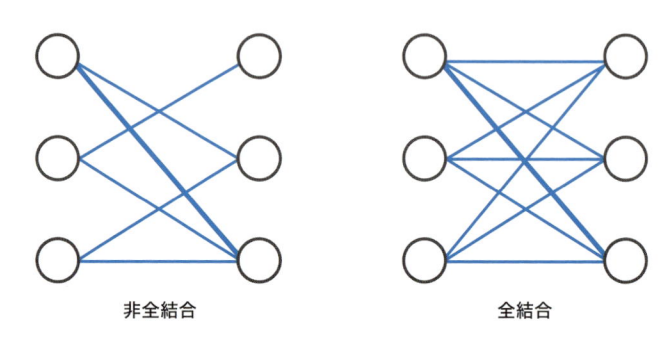

非全結合　　　　　　　　　　全結合

図11-6：非全結合と全結合

　あ、麻里ちゃんがまた来た。嬉しいけど質問が怖い…。

「これまでの畳み込み層の説明のどこでノードが登場していたのよ？」

　はい、ごもっともです。確かに、一言もノードって言っていませんでした。それでは**図11-5**の一部をノードで表してみましょう。**図11-7**を見ればもうお分かりですね。隣り合う9マス（9ノード）ごとずらしながら3ノードに結合するという非全結合で処理していたわけです。プーリング層でも同じです。こちらの方は隣り合う4マス（4ノード）ごとに1ノードに結合していたのです。

　まだデータ圧縮が十分行われていない段階で全結合計算をすると、計算ボリュームが膨大になるので、こんなふうに割り切った計算をしていたわけです。9×9の81ノードが7×7の49ノードに全結合している状態と比べてみると、大幅

に計算が削減されていることがわかります。さらに、結合1本ずつに重みを付けると大変なので、複数の結合でウェイトを共有するという技術も使われています。

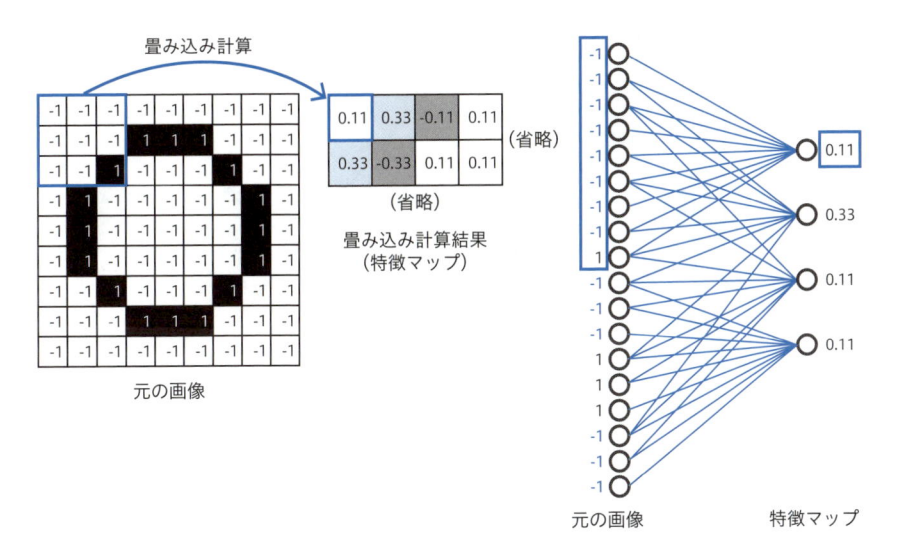

図11-7：畳み込み層の非全結合

今回はマルかバツかの2択なので、**図11-8**のように出力層は2ノードです。説明の都合上、途中を飛ばして上記プーリングの3つの結果投票でマルかバツかが決まるとしましょう。投票と言っても、単純な多数決ではなく重みに差があります。例えば真ん中の特徴はマルにだけしかないのでマルに対する重みが大きく、上と下の特徴はバツにもあるので重みが小さいとしましょう。

真ん中の子孫の意見が強く、上と下の子孫の意見が弱いのは、以前説明したノード間の重みが異なる麻里ちゃんの焼き肉と同じ原理です。上の特徴と下の特徴が何回かバツと間違えてしまって、自分（フィルタの形）を変える努力もしたんだけれど、だんだん信頼（重み）を失っていったという悲しい物語に興味がある人は、第4章の誤差逆伝搬を読み返してください。

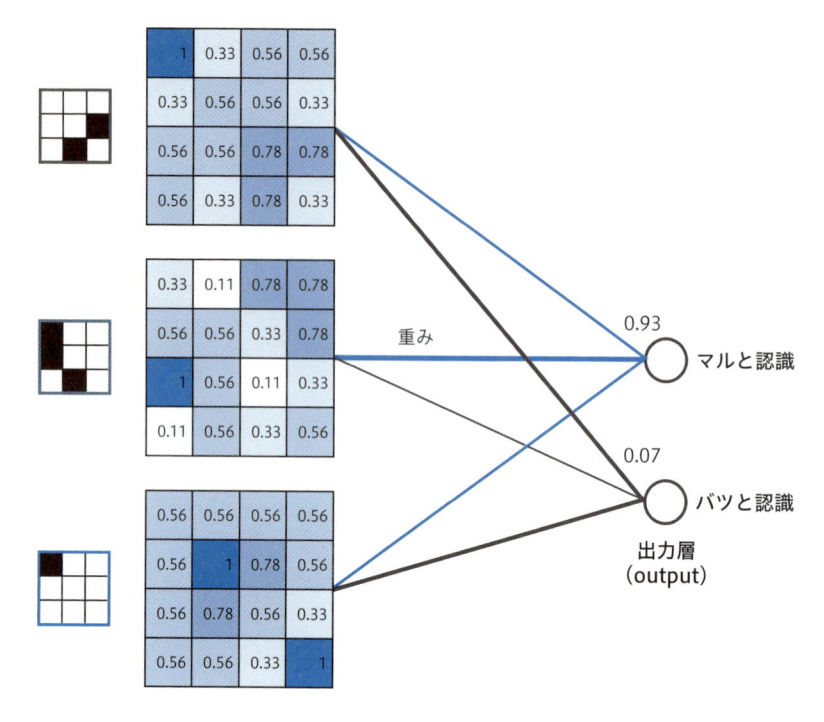

図11-8：全結合層による判定

出力層（Output layer）

図11-1の出力層にsoftmaxという説明があります。これも活性化関数と呼ばれるもので、裁判長のような役割を果たします。出された証拠をすべて吟味し、「うん、本件は0.93対0.07でマルだな」って感じに判決するための確率計算式だと思ってください。2択だとピンとこないかも知れませんが、例えば257種類の花の名前を当てるような場合には重宝します。

* * *

冒頭で、CNNは敏腕刑事と説明しかけましたが、漠然とした状況の中から

手掛かり（特徴）を見つけ、それを追及していってついに動かぬ証拠をつかむ執念が畳み込みたる由縁です。そして、フィルタは刑事の助っ人で、犯人の顔を割り出す似顔絵描きです。似顔絵描きは、その人の特徴をつかむ天才です。実際のまま描くのではなく、デフォルメするからこそ似ています。刑事と似顔絵描きのタッグで深く深く迫られ、さまざまな重みの状況証拠を突き付けられるので、ついに「はい、私が殺しました」と白状してしまうのです。

第12章

リカレントニューラルネットワーク(RNNとLSTM)

前章では、畳み込みニューラルネットワーク（Convolutional Neural Network）について説明しましたが、大鵬と言えば柏戸（ふるっ）、ルパン三世と言えば銭形警部、そしてCNNと言えばRNNです。ということでいよいよリカレントニューラルネットワーク（Recurrent Neural Network）です。CNNとの違い、どのような用途に向いているか、RNNの仕組みなどを理解しておきましょう。また後半では、単純RNN（Simple Recurrent NN）の長期依存性問題を解決する構造を持った長・短期記憶ユニット（Long Short-Term Memory）についても解説します。

畳み込みニューラルネットワークのおさらい

CNN（Convolutional Neural Network）と比較するために、前章のおさらいをしておきましょう。**図12-1**は、Semantic Scholarで公開している数字を画像認識するCNNのブロック図です。Input（入力層）の28×28ピクセルの画像（数字の5）が、Feature Extraction（特徴抽出）プロセスでConvolution（畳み込み）とSub-Sampling（プーリング）を繰り返しながら、Feature maps（特徴マップ）が小さくたくさんになっていきます。そして、最後にFully Connected Layerで全結合して、Outputs（出力層）で5である信頼性が95%という具合にClassification（分類）されています。既に構造を理解しているからこの図の意味がよくわかりますね。

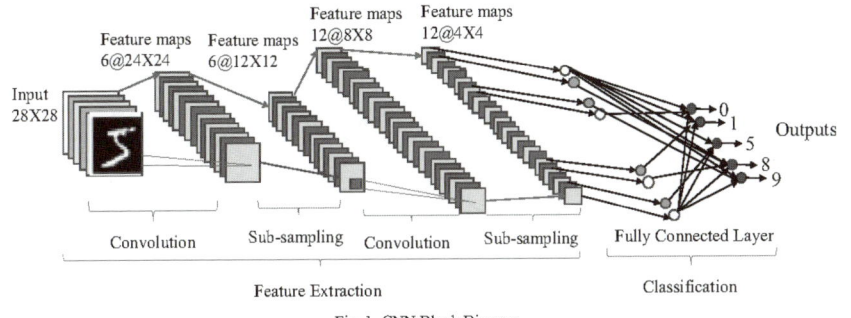

Fig. 1. CNN Block Diagram

図12-1 ：CNN の構造

これら一連の処理は、上流から下流に流れるので**フィードフォワード（順伝搬型）ニューラルネットワーク**と呼ばれており、画像認識など静的な（時間の要素のない）場合に適しています。誤差は逆伝搬して重みやフィルタを変えますが、元画像から特徴を抽出していく信号は遡ることがありません。

■ リカレントニューラルネットワーク

一方、**RNN（Recurrent Neural Network）** は、**図12-2**のように、ある層の出力が遡って入力される再帰結合を持つリカレント（再帰型）ニューラルネットワークです。自分の出力をもう一度自分に食わせる、そんなややこしい構造を持つネットワークなのですが、なぜ、このような処理をする必要があるのでしょうか。

そのカギは**時系列**と**可変長**です。画像の文字がマルかバツか判断する CNN は、固定長の静止画を畳み込み処理するだけでした。しかし、例えば自然言語処理（NLP）などの領域では、時間の概念が必要となり、入出力のデータサイズも可変となります。例を挙げて説明しましょう。

あなたは TV 番組でどちらが「麻里ちゃん通」なのか AI と勝負することになりました。相手は麻里ちゃんを学習済の AI なので、早押ししないと勝てない

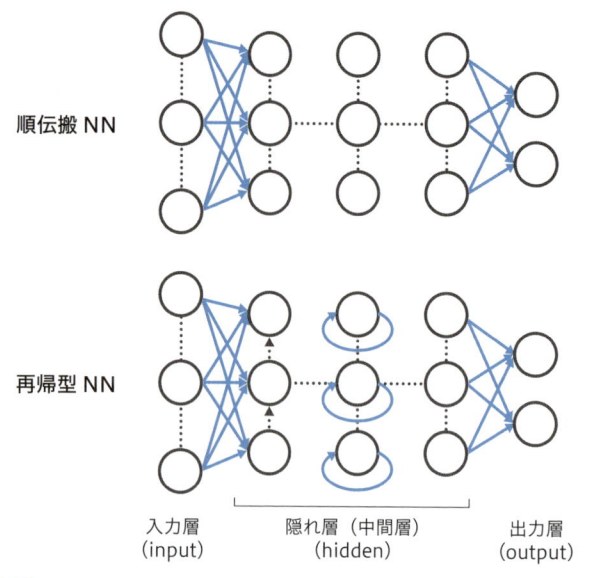

図12-2 ：順伝搬ニューラルネットワークと再帰型ニューラルネットワーク

かも知れません。さて、**図12-3**のような問題が流れてきました。「麻里ちゃんの」「好きな」。ここではまだ解答がわかりませんが、すでに頭の中は激しく回転していて続く言葉として「人は誰か」とか「食べ物はなに」「場所はどこ」などが浮かんでいます。

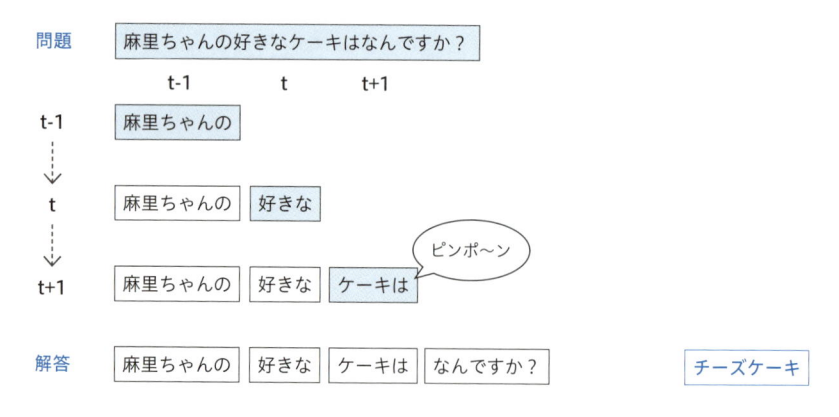

図12-3 ：言語は時系列

続く音声の「ケーキは」まで聞いたとき、AI野郎が勢いよくボタンを押しました（しまった、わかっていたのに…）。そして、自信たっぷりに「チーズケーキ」と答えたのです。

　この流れを時系列でみてみましょう。時点(t-1)で「麻里ちゃんの」、時点(t)で「好きな」と聞き、時点(t+1)で「ケーキは」ときたから問題文の意図が理解できたわけです。この人間なら当たり前のことが、順伝搬NNでは少し難しいのです。なぜなら、「ケーキは」だけだと文の意図が読み取れないので、その前の「麻里ちゃんの」や「好きな」を記憶しておく必要があり、それを可能にする構造が再帰型なのです。

■ リカレントニューラルネットワークの展開図

　時間軸に展開して説明しましょう。**図12-4**は再帰型構造を時系列に展開したモデルです。問題文は4つの文節からなるので、4ステップのニューラルネットワークに展開できます。時点(t)の時の隠れ層には、入力層からの「好きな」と前ステップからの「麻里ちゃんの」という2つの入力があり、これを組み合わせて計算します。続く時点(t+1)で、入力層からの「ケーキは」と前ステップ隠れ層からの「麻里ちゃんの×好きな」を組み合わせて、「あ、わかったぞ」とAIはピンポーンしたわけです。

> **NOTE** : **通時的誤差逆伝搬（Back propagation through time）**
>
> 　組み合わせるって簡単に言っていますが、実際は2つの入力の重みを考慮した数学的な行列計算です。CNNがマルという記号を判別するのにも苦労したように、人間が頭の中で自然とできている処理が、AI君は結構大変なのです。AIがかしこくなる仕組みは、誤差逆伝搬（Back propagation）で重みを調整するからでしたね。RNNの学習法も同じく逆伝搬による重み調節なのですが、前ステップからの情報も加わるために、特別に通時的誤差逆伝搬（BPTT）と呼ばれています。

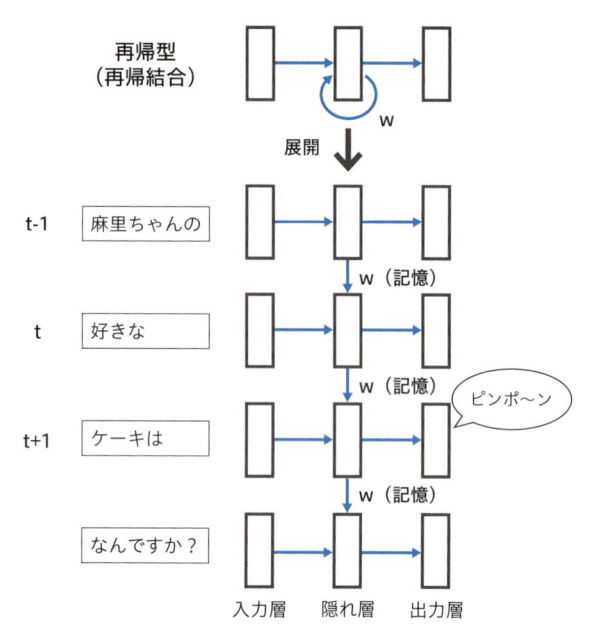

図12-4 ：RNNの展開図

あれ、その麻里ちゃんがやってきました。

「入力層と隠れ層はイメージ湧いたけど、出力層には何が出力されるの？」

お、そう来ましたか。確かに時点(t)で出力層って何が出力されているのでしょうか。わかっていたつもりでわかっていなかったかもです。う〜ん、いつもながらシンプルな疑問ほど難しい…。

実は、この答えはAIが何を目的に学習したかによって異なります。今回のモデルは、"問題文の意図"を出力するテキスト解析（Text Analytics）としてトレーニングしている想定です。時点(t)では「麻里ちゃんの好きな人を尋ねる」のか「麻里ちゃんの好きな場所を問う」のか文意がまだわからず、どの候補も信頼度が低い状態です。そして時点(t+1)で出力層に「麻里ちゃんの好きなケー

キを問う問題」という候補ができ、その信頼度が閾値を超えたからAI野郎は
ボタンを押したのです。

　普通に、問題文の意図ではなく、文章全体を予想するモデルでもいいでしょ
う。時点(t)では、「麻里ちゃんの好きな○○」という候補が多すぎて判断つか
なかったものが、時点(t+1)までくれば、後ろに「なんですか？」をくっつけた「麻
里ちゃんの好きなケーキはなんですか？」という候補が浮上します。

　つまり、**①文章全体を想定出力する→②文章の意図を読み取る→③意図と正
解を学習(Classification)した分類器で解答を導き出す**、というような3ステッ
プの処理になります。ただし、この場合、疑問文になると分かっていないので、
「チーズケーキ」という候補を選んでしまう可能性も大きいので、クイズ専用
に学習したモデルには負けてしまいます。

　別の目的ならどうでしょうか。例えば、**感情分析(Emotion Recognition)**
なら、時点(t+1)「麻里ちゃんの好きなケーキは」までで「ジョイ」という感
情が0.8出力され、時点(t+2)まで来ると0.3くらいに落ちる感じです(Google
Cloud Natural Languageで試したらこんな感じでした)。

　機械翻訳(Machine Translation)はどうでしょうか。時点(t+1)では "Mari's
favorite cake is" と出力され、時点(t+2)で "What is Mari's favorite cake？" と
疑問文に変化して出力されます(こちらはGoogle Cloud Translationで試して
みました)。
　ちなみに、ネットなどでは、次に来る単語を予測出力するという例で説明し
ていることが多いようです。まあ、将棋の「次の一手名人」のような設定なら
そういう出力もアリだと思いますが、正直、文章生成(deep Writing)のよう
な実用イメージしか湧かなかったので麻里ちゃんに登場してもらいました。

「なるほど、そうなんだ。さすがねぇ〜。あ、でも、今はチーズケーキよりも、
モンブラン派なんだけどなぁ…。」

（ふふ、褒められてうれし～。僕はもちろん知っていますよ）。

　AI君は、自然言語理解（NLU）は優れていたのですが、学習データが古くて分類（Classification）の精度がイマイチだったのです。AI君が間違えた後、僕はゆっくりボタンを押してクールに「モンブラン」と答えたのでした!(^^)!

人生はリカレントでない方がいい場合もある

：将棋の「次の一手名人」ってなんですか？

：一般聴衆の前で将棋を指す公開将棋で、ある局面で対局者が次にどの手を指すのかを当てっこするイベントだよ。赤：3五歩、青：6五桂、黄：それ以外、って感じの3択が出題され、聴衆が赤か青か黄色のパネルを出す。最後まで当たり続けた人が次の一手名人になるんだよ。

：へぇ～。先輩、年寄りくさい趣味あるんですね。

：バカ言うなよ。藤井聡太君知らないの？最近は若者にも人気なんだよ。

：でも、将棋の世界でもAIの方が人間より強くなったんですよね。

：うん。だからプロも自分たちの棋譜だけでなく、AIがどんな手を指すのか調べながら勉強する人が増えてきたみたい。

：AIは今までの常識にない発想の手を指すって聞きました。

：うん。とかく人間は"前の手の顔を立てて"とか"勢いで"とかを重視して手を選びがちなんだけど、AI君がそんな要素を全く無視して、この局面でのベストだけ考えるから面白い手が生まれるんだ。

：つまり、人間はRNNだけどAIはCNNで将棋を指すってわけね。

：お、うまいこというじゃない。

：確かに人間は、小さな嘘をついてしまったから大きな嘘をつく、ああ言ったからそれを正当化する発言をしてしまう、というように過去に引きずられて悪い方向に行ってしまうこと多いわよね。

：え、なに、その思惑ありげな顔は。なんか思い当たることありそうだね。

：ふふふ、内緒。先輩は、なんでもすぐ忘れてくれるCNN型人間だから好きです。

リカレントニューラルネットワークが使われる技術分野

リカレントNNが、時間とともに次々と入ってくる、長さも決まらないデータを処理するのに向いていることは理解できました。では、具体的にどのようなところに使われているのかみてみましょう。

自然言語処理 Natural Language Processing		自然言語理解 Natural Language Understanding	
機械翻訳 Machine Translation	テキスト分析 Text Analysis	音声認識 Speech to Text	画像分析 Image Analysis
感情分析 Emotion Recognition	文章生成 Deep Writing	音声合成 Text to Speech	動画分析 Video Analysis
	パーソナルアシスタント Personal Assistant	チャットボット Chat Bot	

図12-5：リカレントニューラルネットワークが使われる技術分野

(1) 自然言語処理（Natural Language Processing）

代表的な適用分野は自然言語処理（NLP）です。自然言語理解（NLU：Natural Language Understanding）という言葉もよく使われるので合わせて覚えておきましょう。NLPはいかにも人間らしい分野で、**図12-5**に示すさまざ

まな用途の総称でもあります。

(2) テキスト分析 (Text Analysis)

　テキスト（文章）を読んで、○○を出力する処理です。○○のところは目的に応じていくつかあります。**図12-6**は、それらの例です。機械翻訳なら英文、感情分析なら感情と度合い、タグ付けなら「麻里ちゃん」と「ケーキ」が出力されていますね。入力が音声の場合は、普通は音声認識（Speech to Text）でいったんテキストにした後で処理しますが、感情分析のようにそれに加えて声のトーンなど音声情報も使って処理する場合もあります。

　テキスト分析は、社内ドキュメントに自動タグ付けしてドキュメント検索を楽にしたいときとか、ネット上の技術情報を自動的にスクレイピングする場合などに役立ちます。また、感情分析も、コールセンターのお客が怒っていないかどうか、従業員で鬱予備軍がいないかどうかを判断するようなさまざまな用途で使われつつあります。

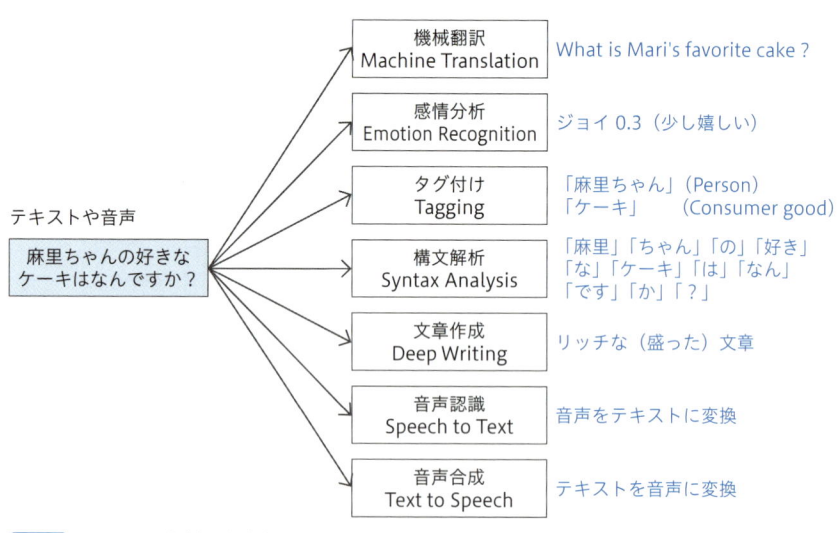

図12-6 ：テキスト分析や音声処理

(3) 機械翻訳 (Machine Translation)

2016年にGoogle翻訳の精度が飛躍的に向上したのは、エンジンをディープラーニングに切り替えたからです。翻訳は、入力と出力で言語の長さが異なりますが、元の言語の理解と変換言語の文章生成という2つにリカレント技術が大活躍しています。

(4) 音声認識 (Speech to Text)

日本でもAmazon EchoやGoogle Homeなどのスマートスピーカーが発売されましたね。私も両方使っていますが、その音声認識精度の高さにはいつも関心しています。音声認識は入力が可変長の音声で、出力も可変長のテキストです。単なる音の文字化ではなく、文脈をきちんと理解しているからこそ高い精度で変換できるのです。

(5) 画像分析 (Image Analysis)

画像認識(Image Recognition)はCNNで処理するのが普通です。でも、画像を見て何をしているのか説明するような場合は、CNNにRNNを組み合わせて使います。例えば、麻里ちゃんがおいしそうにモンブランを食べている写真をインプットすると、最初にCNNで画像認識した後、認識した「1人の女性」「ケーキ」「食べている」などのタグを使ってRNNが「1人の女性がケーキを食べている」というように説明してくれます。こうした技術はネット上にアップされた写真の自動説明付けなどに応用されつつあります。

(6) 動画分析 (Video Analysis)

静止画でなく動画の分析はどうでしょうか。マルを認識するAIで説明しましょう。設定としては、マルという文字の全体がわからず、**図12-7**のように上からスキャンして1/3ずつ画像が渡されて、それをCNNで認識するものとします。時点(t+1)のとき、真ん中の画像しか渡されないより、時点(t)の画像も渡してもらう方が的確に判断できますね。

こんな感じで動画の場合は、前の映像との連続した情報で判断する必要があるのでRNN向きです。この技術を使って、ネット上の写真 (静止画) だけでなく、

動画もタグ付けされている例を見かけます。

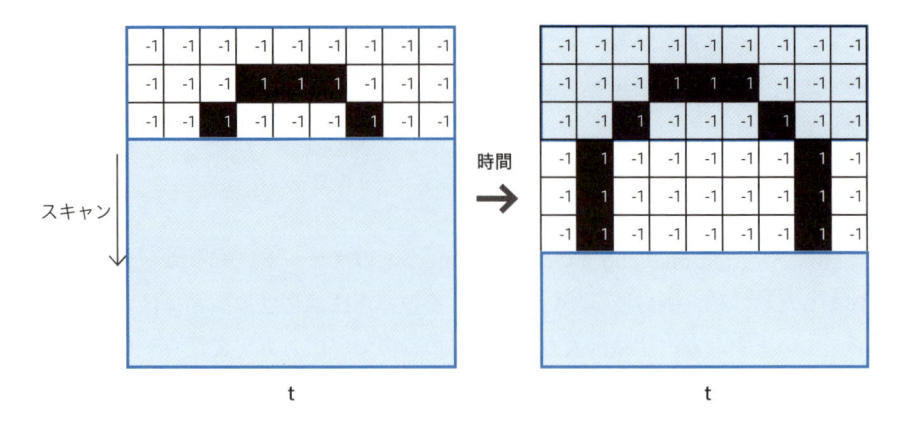

スキャン

時間

t

t

図12-7：動画は複数の静止画から構成される

(7) チャットボット (Chat bot)

　チャットボットは、話しかけられた言葉から意図を理解して、テキストや音声で適切な応答を行います。いろいろな自然言語理解の技術を組み合わせた1階層上位の技術ともいえます。「ああ言えば、こう言う」というのは親子喧嘩の決まり文句ですが、botもそんなフロー作成を基本としています。でも、言い方を変えても意図をきちんと理解できる柔軟性があり、そのあたりが第2次AIブームのエキスパートシステムから進化しているところです。botの利用範囲はかなり広く、ECサイトの接客ロボだったり、社内システムに対する指示（会話型UI）だったり、いろいろな場面で使われつつあります。

(8) パーソナルアシスタント (Personal Assistant)

　パーソナルアシスタントも上位階層の技術です。チャットボットが単なる会話のやり取りなのに対し、こちらは会話以外に、メンバー全員のスケジュールを見て会議室を予約してくれたり、タクシー（米国だとUBER）の手配をしてくれたり、よりインテリジェントなイメージでしょうか。こうした上位層での応用には、さらにいろいろな技術が組み合わさって使われていますが、人間と

のインターフェースに関わる自然言語理解が活躍しています。

　まだまだ、適用分野はありますが、このくらいにしておきます。リカレントという言葉の意味、なぜ再帰型構造を持つ必要があるか、どんな分野に使われているか、麻里ちゃんは実はモンブランが好き、などを理解していただければ十分です。

長・短期記憶ユニット（LSTM）

　リカレントニューラルネットワークは、過去を記憶して利用する技術です。これがずらずらと長い文章だったと想像してください。記憶する範囲が大きくなると、勾配（過去のどの情報がどれくらい影響を及ぼすかの度合）が複雑になり過ぎて伝えるべき誤差が消滅したり（勾配消失問題）、記憶したものをどう生かすかという計算量も爆発的に増えてしまいます。そのため、リカレントNNは記憶する範囲をちょっと前までに限定していて、それ以前のものは切り捨てています。このことを打ち切り型通時的逆伝搬(Truncated Back propagation Through time)とも言います。

　でも、現実社会では、もう少し前までの情報を使わないとうまくいかないものもあります。そのためRNNを改良する形で登場したのがLSTM(Long Short-Term Memory)という技術で、日本語では長・短期記憶ユニットと呼ばれています。現在、これがRNNの主流となっています。

単純RNNの長期依存性問題

　LSTMの説明に入る前に、単純リカレントニューラルネットワークの長期依存性問題について復習しましょう。単純RNNは超能力者ではないので、「僕の」「麻里ちゃんの」「愛してやまない」「ケーキは」という一文に続く言葉を当てることができません。でも記憶範囲がもっと広がり、「麻里ちゃんが、玲奈ちゃんととても幸せそうにモンブランを食べている顔を見てピンときたのですが、」という文のあとで、「僕の」「麻里ちゃんの」「愛してやまない」「ケーキは」と

続いた場合はどうでしょうか。今度は（モンブランです）という言葉がすぐに浮かんできますね。

　私たち人間は、このように直前の情報だけではなく、必要に応じてもっと前のセンテンスの情報も利用しているわけです。こうした長期記憶をRNNが構造的にできないわけではありません。ただし、「麻里ちゃんが」「玲奈ちゃんと」「とても」「幸せそうに」「モンブランを」「食べている」「顔も」「見て」「ピンときた」「のですが」などと情報量が増えてくると、それらがどのくらいの重みでどう関連するかが著しく複雑になります。十数ステップであれば対応できますが、100ステップ以上にもなると計算が爆発してしまいます。これが、**単純RNNの長期依存性問題**です。

　この問題を解決するために登場したのがLSTMです。Long Short-Term Memoryという、ロングとショートが混ざった妙な言葉ですね。**図12-8**のように単純RNNが短期記憶しか利用しないのに対し、LSTMは長期依存（long-term dependencies）を学習できるように改良したモデルです。単純RNNは計算が爆発するのにLSTMは大丈夫って、そんなことがどうして可能なのでしょうか。

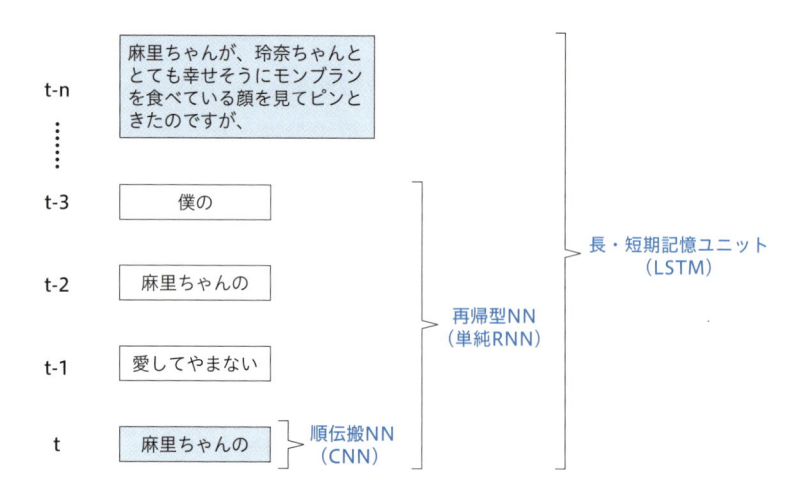

図12-8：ニューラルネットワークの記憶範囲

RNNの構造

　単純RNNは、**図12-9**のようなリカレント構造を持ちます。前セルの出力（Recurrent）と入力（Input）が合わさって出力（Output）が出されている単純なモデルですが、RNNのときに説明を省いたtanhという妙なものがありますね。これは、**ハイボリックタンジェント**と呼ばれる関数で、統計でよく登場する**ロジスティックシグモイド関数**です。

　あ〜面倒っちい言葉がいっぱい出たので、ここでくじけないために少し補足します。

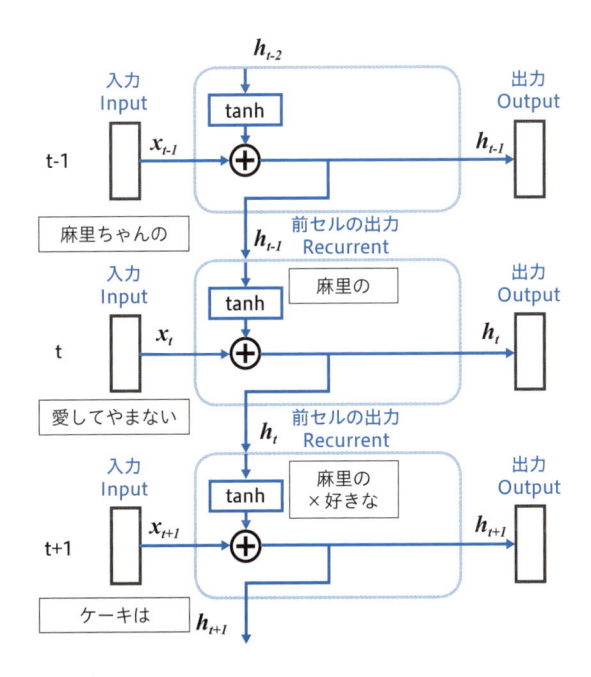

図12-9 ：RNNのリカレント構造

　ハイボリックという言葉は双曲線という意味です。シグモイドという言葉は、麻里ちゃんの焼き肉のときにシグモイドニューロンとして登場しましたね（第4章参照）。パーセプトロンの入出力が1か0の二値であるのに対し、シグモイド

ニューロンは0から1までの実数モデルでした。そして、ロジスティックという言葉も、麻里ちゃんの定時帰りを予測するロジスティック回帰で登場しました（第9章参照）。こちらは**“発生確率を予測して、確率に応じてYes／Noに分類するもの”**でした。

ロジスティック関数の図を思い出してください。**シグモイド関数**も**ロジスティック関数**も同じS字型の関数で、Xの値を**0から1の値**に変換する関数です。一方、tanhは**ハイボリック（双曲線）**という言葉がついているように、0から1ではなく**-1から1の値**に変換します（**図12-10**）。

シグモイドと違い、tanhの出力は正と負の値が持てるので、状態の増減が可能です。そのためtanhはセルの反復接続で使用され、内部で追加される候補値を決定するのに便利です。2次微分がゼロとなる前に長期間値を維持できるので、勾配消失問題に対処しやすい関数です。2次微分やら勾配消失やら難しいので、情報を利用しやすいようにいい塩梅に変換してくれるものだと思っておいてください。**図12-8**のような、前セルからのリカレント情報（記憶情報）をそのまま垂れ流しにするのではなく、**図12-9**のようにtanhが要点をうまく整理してくれるイメージです。

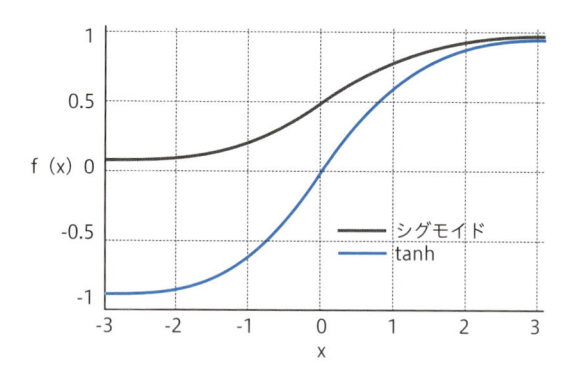

図12-10 ：tanhは双曲線の関数

LSTMの構造

　続いて**図12-11**のLSTMのリカレント構造を見てみましょう。うわっ、格段に複雑になっていますね。でも、これでもノーマルなLSTMなんです。順番に説明すれば理解できますので、どうぞついて来てください。

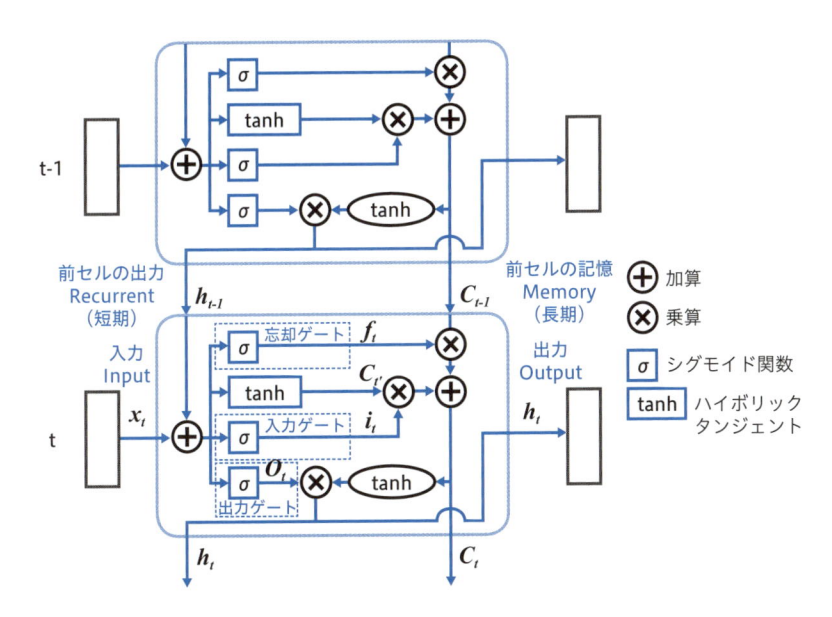

図12-11 ：LSTMのリカレント構造

(1) 前セルの出力に記憶ラインが追加（ht-1 と Ct-1）

　単純RNNで1つだった前セルからの情報伝搬が、**出力（Recurrent）**のほかに**記憶（Memory）**が追加されて2ラインになっていますね。これ、大まかに言ってRecurrentの方がRNNと同じ短期記憶で、Memoryが長期記憶だと思ってください。LSTMは、その名の通り、短期と長期を関連させながらも別々のラインで記憶保持しているのです。

(2) 前セルの出力（Recurrent）と入力の合流 (ht-1 と Xt)

　前セルの出力 ht-1（短期記憶）と今セルの入力 Xt が合流します。合流された信号は4つのラインに分岐（同一情報コピー）されます。この合流結果は、「僕の麻里ちゃんの好きな」という短期記憶に入力「ケーキは」が加わったものになります（これはRNNと同じです）。

(3) 忘却ゲート (ft の出力)

　一番上のラインは忘却ゲートです。これは、前セルからの長期記憶1つずつに対して、σ（シグモイド関数）からでた0から1までの値ft で情報の取捨選択を行うものです。1は「全て残す」で、0は「全部捨てる」です。短期記憶ht-1と入力Xt で「僕の麻里ちゃんの愛してやまないケーキは」まで認識した時点(t)において、長期記憶の中から「玲奈ちゃんと」は重要でないと判断したとき、σの出力ft は0付近の値となり、この記憶を忘却します。一方、「モンブランを」という情報は重要そうなのでft は1でそのまま残しています。

　RNNが過去の情報を全て利用しようとすると計算が爆発すると説明しましたが、LSTMも忘却ゲートにより不要と思われる情報を捨てることで爆発を防ぐのです（いらない情報をどんどん忘れるのは、人間と一緒ですね）。

NOTE ┊ **3つのゲートとシグモイド関数 σ**

　LSTMには、忘却ゲート (forget gate)、入力ゲート (input gate)、出力ゲート (output gate) の3つのゲートがあります。ゲートというと単なる信号の出入口をイメージしますが、ここではちょっと違います。シグモイド関数 σ によって、流れてくる信号のゲートの開け閉めを行っている制御門なのです。1が全開、0が閉め切りで、例えば0.5なら半開きというゲートで信号の重みコントロールを行っているのです。

---

(4) 入力ゲート (Ct' と it)

　短期記憶ht-1と入力 Xt で合算された入力データを長期保存用に変換した上で、どの信号をどのくらいの重みで長期記憶に保存するかを制御します。ここは2つのステップで処理されます。

①tanhによる変換（Ct'を出力）

　入ってきた情報をそのまま流すのではなく、要点を絞った端的な形にした方が、情報量を削減できるうえに利用しやすくなります。さきほどtanhは内部で追加される候補値を決定するのに便利な関数と説明しました。例えば、「麻里ちゃんの」は（コンピュータ的には）「麻里の」でいいでしょうし（僕はよくないが…）、「愛してやまない」は要するに「好きな」という候補に置き換えてもいいでしょう。そんなふうにシンプルに変換されてCt'が出力されています。

②入力ゲート（it）による取捨選択

　LSTMは**通時的誤差逆伝搬（Back propagation through time）**によって重みを調節します。通常の誤差逆伝搬は入力Xtの重みの調節ですが、通時的誤差逆伝搬は、これに加えて前セルからの短期記憶ht-1からの情報にも影響を受けます。そのため、ht-1から入ってくる無関係な情報によって重みがミス更新されるのを防止するために、入力ゲートが必要な誤差信号だけが適切に伝搬するように制御しています。

　ht-1＋Xtで作られた「僕の麻里ちゃんの愛してやまないケーキは」という情報の中から、入力ゲートのσ（シグモイド関数）が防止すべきものと流すべきものを選別します。今回は、「僕の」という部分に対して"なに妄想してんだよ"ってことで、この文節に対するシグモイド関数の出力itは0が出されてしまいました（あらら）。一方、「麻里ちゃんの」「愛してやまない」「ケーキは」は出力が1に近い値で一応残されました。

(5) 出力ゲート（ot を出力）

　htは短期記憶の出力です。上記のような処理により長期記憶に短期記憶が加わって取捨選択された値（長期記憶の出力Ct）の中で、短期記憶に関する部分のみを出力します。ここも先ほどと同様2つのステップで処理されます。

①tanhによる変換

　tanhの入力は、前セルからの長期記憶Ct-1に入力Xtを変換した短期記憶Ct'を加えたものです。それぞれ忘却ゲートおよび入力ゲートで取捨選択はされて

います。これをそのまま長期記憶として出力するのがCtですが、そこに含まれる短期記憶部分も長期記憶と合わせることによって、短期記憶のみの時より端的で利用しやすいものに変換することができます。

　例えば、短期記憶が「僕の彼女の好きなケーキは」だったとしましょう。この場合、長期記憶に僕の彼女が麻里ちゃんだという重要要素があれば、短期記憶をより明確な「麻里ちゃんの好きなケーキは」に変換するようなイメージです。

②短期記憶の取捨選択

　入力ゲートで自セルを保護したように、出力ゲートでも次のセルへの悪い情報伝搬を防止します。次のセルを活性化するための重みhtを更新する際に、無関係の情報を流して悪い影響を与えないようにしなければなりません。出力ゲートのσ（シグモイド関数）により0から1の範囲でOtが出力され、短期記憶出力htに必要な信号だけを適切に伝搬するように制御しています。

　今回は、入力ゲートで「僕の」という言葉がすでにカットされているので、出力ゲートでは特にストップする言葉がありませんでした。このように入力でも出力でも二重にゲートチェックすることにより、無関係な情報が流れないように徹底しているのです。これまでの処理の結果、このセルからは「麻里の好きなケーキは」という情報がhtに出力されたことになります。

＊　　＊　　＊

　この章では、リカレントニューラルネットワーク（単純RNN）と、その欠点を補ったLSTMの構造について解説しました。前セルからの出力が短期記憶と長期記憶に分かれていること、情報が暴発しないように不要と思われる情報は忘却ゲートで消し去ること、不必要な情報で誤った重み更新をしないように入力ゲートと出力ゲートで取捨選択していること、tanhによって情報をそのまま流すのではなく利用しやすい形に変換していること、などがイメージできたでしょうか。

　なお、ここでは理解しやすいように例文を使って説明していますが、実際にRNNがどんな処理を行うかはブラックボックスですし、学習度合いによって

も異なります。LSTMの各パートでこんな感じで処理しているんだってイメージしていただければOKです。

第13章

敵対的生成ネットワーク(GAN)

本章では、このところ注目されている敵対的生成ネットワークの GAN と DCGAN を紹介します。これまで見てきた識別や回帰などの人工知能と違い、GAN は生成するモデルです。贋作者とか物まね名人などと不名誉なレッテルを貼られていますが、人間のデザイナーやアーティストが良いものを学んで秀作を作るのと同じく、もはや立派なクリエーターの風格が出ています。

GANとは

　GAN(Generative Adversarial Networks)とは、2つのネットワークが、切磋琢磨しながらお互い成長してゆく**教師なし学習**のモデルです。親が教えないのに、兄弟で何回も将棋や囲碁をやるうちに親よりもずっと強くなる。それが GAN 兄弟です。ただし、この2人には役割があって、お兄さんの**ジェネレーター (generator)** は偽物作り（生成器）、弟の**ディスクリミネイター (discriminator)** はそれを見破る役（識別器）です。この関係から敵対的(Adversarial)というきつい言葉がついていますが、実際は心優しい弟が兄の成長のために協力してあげているイメージです（GAN の主役は兄の生成器です）。

　図13-1の GAN の基本構造を見てください。ジェネ君が実物サンプルに似せた偽物をせっせと作り、本物と称して本物と交互にディス君に見せます。ディス君は偽物を見たときに、どっちの確率が高いか判断してシグモイド関数により本物(1)か偽物(0)か見分けます。そしてディス君が正解したかどうかの判定で誤差逆伝播 (Backpropagation)により、ジェネ君とディス君を順番に調教（重みの変更）します。通常、調教はミニバッチ1セットずつ交互に行われ、ジェネ君を調教するときはディス君を固定とし、ディス君を調教するときはジェネ君を固定して行います。

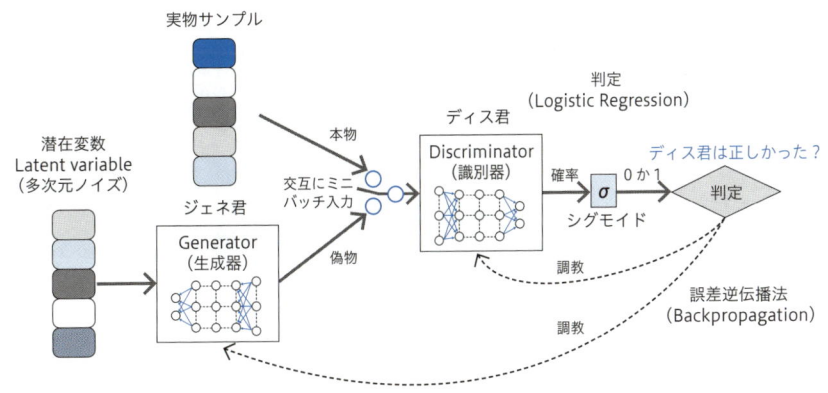

図13-1：GANの基本構造

この調教により、ジェネ君はさらに本物に似せて作れるようになり、ディス君も "なんでも鑑定団" レベルに成長していきます。最終的に、ジェネ君が "贋作つくりの名人" になって本物と全く見分けがつかない偽物を生成できれば、ディス君の判定確率は半々になりミッションコンプリートです。

GANの現在の実力

GANの実力を知ると、ちょっとカルチャーショックになります。実際にGANでどんなことができるか**図13-2**の2つのYouTubeの動画を見てください。

映像1は、左の男性そっくりに動作をする女性の映像です（後半は男女役割が入れ替わっています）。このリアル感ある美女が、実は本物の彼女を実物サンプルとしてGANで学習してジェネ君が作った偽物なのです。

映像2は、本物のオバマさん（左）の映像を使って訓練して作られた偽オバマさん（右）がリアルタイムに話しているものです。こちらの方が普通の応用ですが、実によく似ていますね。

映像 1

映像 2

図13-2：GAN を使った動画の例

映像1：GAN を使ったオンライン偽物美女の生成
https://www.youtube.com/watch?v=Fea4kZq0oFQ&feature=youtu.be

映像2：オバマ氏の映像で訓練して、本物そっくりさんを生成
https://www.youtube.com/watch?v=9Yq67CjDqvw&feature=youtu.be

　GAN はこうした学習技法の総称でいろいろなバリエーションがあります。映像1はその1つである Cycle GAN というものを使って学習しています。ここでは、画像生成を大きく進化させた畳み込み NN を利用した DCGAN について説明することにします。

▌潜在変数とノイズ

　麻里ちゃんは、なぜか GAN に興味があるそうです。なんでも、GAN はわくわくする人工知能なんだそうで、こんな質問をしてきました。

「よくわからないのが潜在変数って何ものかってこと。ジェネ君は何をもとに偽物を作っているの？」

　おお〜、ちゃんと勉強しているじゃないの。でも、はなから難しい質問で、GAN の説明の出鼻くじかれるなぁ。これ、統計の話を先にしないとダメそうです（ついてきてくださいね）。

（1）生成と認識

　まず押さえておきたいのは、生成と認識は対のプロセスということです。**図13-3**のようにアサガオの画像の特徴点を認識して変数化できるのなら、その逆に、特徴点（n次元の潜在変数）から画像を生成することができるはずです。これが生成モデルの基本的な考え方になります。この場合のn次元とは2や3という小さい値ではなく、50とか100とかもっと大きな次元数です。

（2）潜在変数と観測変数

　世の中には、直接、測定しにくい抽象的な尺度がたくさんあります。例えば、麻里ちゃんをどれくらい好きかという気持ちは、いざ、自分に向き合ってもうまく言い表せません。いった

潜在変数
（n次元の特徴）

色、形状、模様、大きさ、花びら数…

認識　　　生成

画像

図13-3：認識と生成は逆処理

い人を好きになる度合いをどう測ればいいのでしょうか。考えた挙句、次の3つをファクターとし、これを測定するための質問を作成して5段階評価で回答してもらうことにしました。3つの回答の合計で好きの度合いを得点化するわけです。

1. 麻里ちゃんのことを考える➡週に何回考えるか？
2. 麻里ちゃんに会いたいと思う➡週に何回思うか？
3. この景色を麻里ちゃんに見せてあげたいと思う➡いい景色を見たときにどのくらいの確率で思うか？

　この場合、直接、測定できない「好きな度合い」を**潜在変数**、何回とか確率とか数値化できる3つのファクターを**観測変数**と呼びます。値を直接測定できない潜在変数を求めるために、観測変数に置き換えて数値化するわけです。実は潜在変数の概念は、これまでの学習にも出てきています。

　サポートベクターマシーン（SVM）では、行動的か慎重か、社交的か内向的か、

を性格テストで測り、これを観測変数として営業向きか管理部向きかという潜在変数を決めていました。また、クラスタリングでは、顧客の特性（潜在変数）を、店で購入した数やネットで購入した数を観測変数としてグループ化していましたし、次元の削減で出てきた主成分分析（PCA）でも、「重量」「内圧」「弾力性」「硬さ」「触感」という5つの観測変数をもとに、「ふわふわ度」「すべすべ感」という潜在変数を求めていたわけです。

(3) 生成モデル（generative model）と識別モデル（discriminative model）

　生成モデルと識別モデルの違いを少し詳しく見ていきましょう。生成モデルは、データの分布状態を確率的に捉え、その分布法則に従ってデータ生成を行う確率モデルです。一方、識別モデルは確率を使いません。与えられたデータをSVMやk均衡法、畳み込みNNなどにより識別するモデルです。

　同じ認識モデルでも、SVMのように単に境界面のみ学習するタイプとk均衡法やk平均法のようにデータ分布を学習するタイプがあります。そして、データ分布を認識しているのなら、識別の逆プロセスとして分布の中心（確率的にここが一番というポイント）からデータを生成することができます。k平均法で新しい重心を求めていたのは、まさにここを見つけていたわけです。

　あ、ここでモデルを忘れた人のために簡単にメモっておきます。詳細はそれぞれの説明をご覧ください。

　SVM：データ群を一番うまく分ける（川幅を最大にする）境界を見つける。
　k均衡法：近くに多くいるグループの方に仕分け（多数決で分類）する。
　k平均法：①グループごとに重心を求めて、②最も近い新重心のグループになる。そして、この①と②を繰り返す方法。

(4) 同時確率分布

　確率モデルには同時確率分布という概念があります。ピザ屋さんの例で説明しましょう。ピザ屋の会員1000人のうち、1ヶ月以内に新商品「ふわふわピザの割引クーポン」を取得した人とピザを購入してくれた人を集計したら、**表13-1**のようになりました。

グループ	クーポン取得 X	ピザ購入 Z	人数	同時分布 p(X,Z)
クーポン取得して購入	○	○	200	p(1,1)=0.20
クーポンのみ取得	○	×	250	p(1,0)=0.25
クーポン取得しないで購入	×	○	150	p(0,1)=0.15
クーポンも購入もナシ	×	×	400	p(0,0)=0.40
合計（確率分布）	p(X)=0.45	p(Z)=0.35	1000	1

表13-1 ：会員1000人の1ヶ月のCRM情報

クーポン取得者をX、ピザ購入者をZとしましょう（XとZは確率変数）。XとZが相互に与える影響を無視して、それぞれ独立の確率分布（周辺確率）を求めると、クーポンを取得した人の周辺確率p(X)は0.45、ピザを購入した人の周辺確率p(Z)は0.35となります。

お互いに影響を及ぼすことも考慮した場合（同時確率分布）は、2つの確率変数を使ってp(X,Z)と表します。2つの変数が両方動くと計算しにくいので、1つを固定してもう1つの変化で見ていきます（条件付き確率分布）。

では、Xを固定してZの変化を見る条件付き確率p(Z|X)を見てみましょう。クーポンを取得（X=1）した人を対象に、ピザを購入した人（Z=1）の確率を求めると、クーポンを取得して購入p(1,1)=0.2人（200人）、クーポンのみ取得p(1,0)=0.25（250人）なので、0.2/(0.2+0.25)=0.44となります。

もう1つ、クーポンを取得しない人（X=0）を対象に、ピザを購入した人（Z=1）の確率は、0.15/(0.15+0.4)=0.27と、クーポンを取得した人に比べると6割程度になっているのがわかります。

統計用語と記号がいろいろ出てきましたので、いったん**図13-4**にまとめておきます。

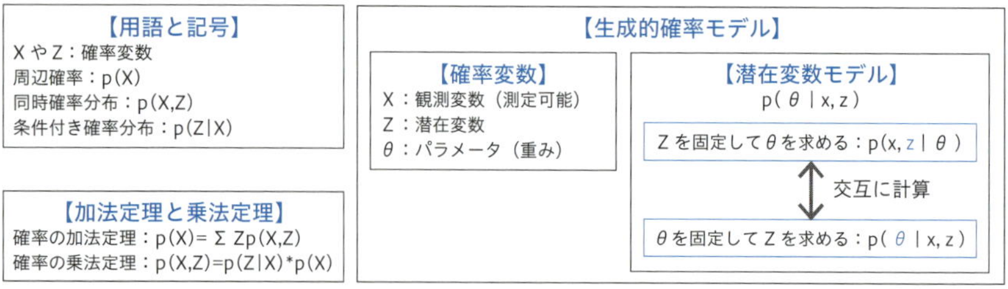

図13-4：統計用語と記号のまとめ

| NOTE | **確率の加法定理と乗法定理** |

　統計はどうしても数式っぽいのが出てきてしまうので、ここで用語と記号をおさらいします。

　X や Z：確率変数

　周辺確率：p(X)

　同時確率分布：p(X,Z)

　条件付き確率分布：p(Z|X)…X が起こる条件下での Z の確率

　ついでに次の2つの定理も覚えておきましょうか。

　確率の加法定理：p(X)= Σ Zp(X,Z)

　確率の乗法定理：p(X,Z)=p(Z|X)*p(X)

　例えば**表13-1**で当てはめてみると、次のように定理が成立していることがわかります。

　加法定理：p(1)= Σ Zp(1,Z)　　⇒ 0.45= 0.25 + 0.20

　乗法定理：p(1,1)=p(1,1)/(p(1,1)+P(1,0))*p(1) ⇒ 0.2=0,2/(0.2+0.25) * 0.45

(5) 生成的確率モデルと潜在変数モデル

　先ほど説明したように、データの確率分布にもとづいてデータを生成するのが生成的確率モデルです。潜在変数モデルは生成的確率モデルであり、観測変数 X と潜在変数 Z とパラメータ θ を持ちます。この潜在変数モデルを p(x, z | θ) と書くことにします。観測変数 X は測定可能ですが、潜在変数 Z とパラメータ

θは未知の変数です。2つ未知の値があるので、条件付き確率分布で見比べて、潜在変数Zを固定してθを求め、次にθを固定して潜在変数Zを求めるということになります。

ここまで理解したところで、もう1度、**図13-1**を見てください。ジェネ君は潜在変数モデルの生成器なので、p(x, z | θ) と表されます。Xが観測関数でZが潜在変数です。θはなんでしょうか。これは、データ分布の尤度を最大化するパラメータです。尤度は"もっとも"という確率でlikelihoodでしたね。まあ、ディス君が見破ったことにより誤差逆伝搬で調整されるジェネ君の重み（フィルタ）で、生成物の特徴を表す多次元の変数を決めるパラメータだと思ってください。

生成する潜在変数を変更するときは、ジェネ君の重みを更新しない（θを固定）で学習します。そして、ジェネ君の調教のときは、潜在変数Zを固定（投げる球を一定）にしてθで重みを更新、という処理を交互に行っているのです。

DCGAN

ここで生成モデルについて振り返ってみましょう。なにもないとイメージが湧きにくいので、画像から画像を生成する画像変換を題材とします。**図13-5**は、モネの画風を真似る訓練をしたジェネ君が、写真をもとにモネのタッチで絵を生成した例です。となりのゴッホと比べると、ずいぶんモネっぽいですね（一応、Googleで"Monet"を検索・画像表示して確認しました）。この技術は言語の翻訳の画像版ということで、画像の翻訳とも呼ばれています。

Photograph　　　　　Monet　　　　　Van Gogh

引用：Jun-Yan Zhu *、Taesung Park *、Phillip Isola、Alexei A. Efros.「コンピュータ・ビジョンに関するIEEE国際会議（ICCV）、2017年」

図13-5 ：モネを真似する Generator がモネっぽい絵を生成

こうした画像処理は、畳み込みニューラルネットワークの十八番（おはこ）です。そこで、畳み込みニューラルネットワークを使った**DCGAN（Deep Convolutional Generative Adversarial Networks）**が現れ、GANの画像生成技術を飛躍的に向上させました。Deep Convolutionalってそのまま深層・畳み込みって言葉なので、ちょっと安易に感じるネーミングです。

　実は**図13-1**のジェネ君、ディス君もNNのイメージを貼り付けていました。これもDCGANだったのです。そして、ジェネ君のNNがディス君と逆向きだなって気づいた方は、「間違い探し大会」に出場資格があるかも知れません。これ、ミスったわけではないんですよ。

　最初にお伝えしたように、**生成モデル（generative model）**は、**認識モデル（discriminative model）**と逆のことをします。**畳み込みニューラルネットワーク（CNN）**を使って入力画像がモネの絵を判定する。これがディス君の役割です。畳み込み処理とプーリング処理を繰り返して大きな画像をたくさんの小さな画像に変換していき、最後に全結合層の多数決で判定するのでしたね。

　ただし、DCGANのディス君はプーリング層を**ストライド2の畳み込み**（1ピクセルずつでなく、2ピクセル間隔で畳み込み処理する＝ストライド1より小さくできる）に置き換えるとか、全結合層で総当たり戦をやる代わりに、**図13-6**のように**global average pooling**（出力画像ごとに画素平均を求め、それを1対1で出力する＝出力に関連付ける重みパラメータが大幅に減る）など処理の軽量化を行っています。

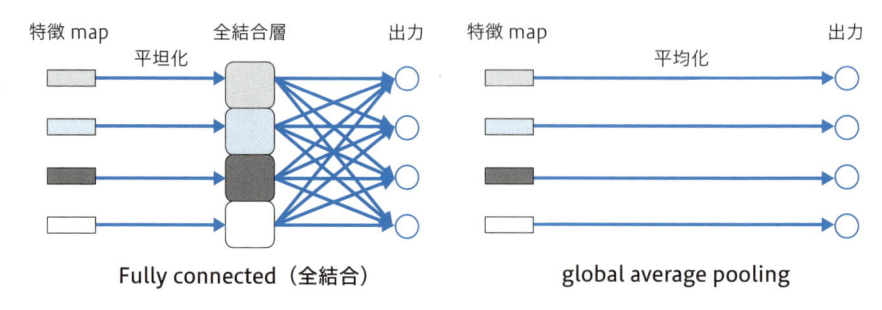

Fully connected（全結合）　　**global average pooling**

図13-6 ：global average pooling

一方、ジェネ君は畳み込み処理の逆のことをします。n次元の潜在変数を種として、**逆畳み込み処理（deconvolution）**を行い、種を徐々にモネっぽい画片に育て、最後に1枚の絵を作り出すわけです。**図13-7**のように、ディス君はアップサンプリングする逆畳み込みのニューラルネットワークなのです。

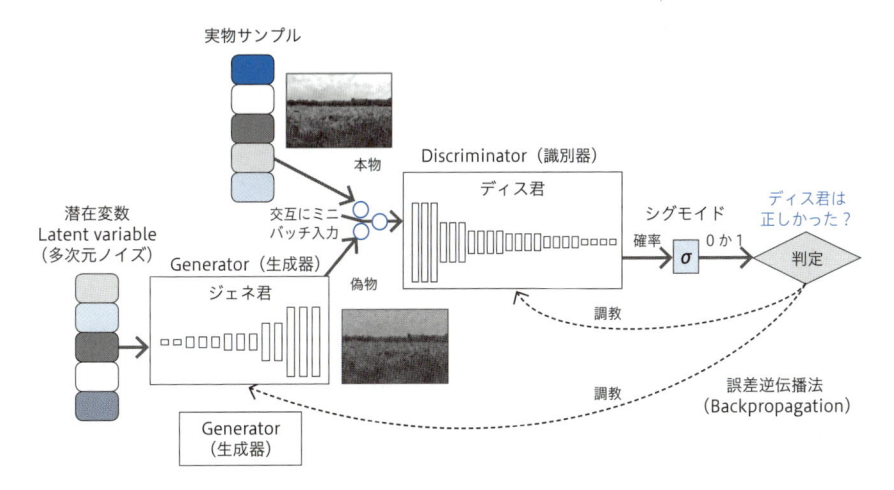

図13-7：DCGANの画像生成と画像識別

GANの学習

　GANの種には、一様分布や正規分布をもとに取り出した潜在変数を使います。**k平均法**の初期振り分けが、人間からしたら、あちゃーって感じだったのを思い出してください。k平均法は、そこから**EMアルゴリズム**を繰り返していい感じに収束していきました。DCGANも同じくあちゃーです。学習初期のジェネ君のアウトプットは、アナログテレビの砂嵐画面（あ、若い人はこれも知らないか）のようにノイズ一色という感じです。

　GANは、教師なし学習なので学習に時間がかかり、また、きちんとミッションコンプリートさせるのが難しい面もあります。学習には、本物のデータ量（画

像枚数）と潜在変数の次元数が関係します。データ量や次元が多い方が精度の高いものを作れますが、次元を100、200と大きくしてゆくと、それだけ学習に時間がかかります。どうしてもランダムノイズの種だけだと学習が大変なので、**Conditional GAN**のようにデータの一部にラベルを付けた**半教師あり学習モデル**も出現しています。

GANの学習には、**ミニバッチ学習法**（元データからランダムに少量抜き出してバッチ学習することを何回も繰り返す）が用いられます。学習は野球やアメフトのような交代制で、本物だけで学習した後に偽物だけで学習するというバッチ学習を交代で行います。ジェネ君はうぶなので、麻里ちゃんのじゃんけんと同じく、一方がずっと続いたから次もそっちだろうなどという**ベイズ確率**は考えないのです。

ジェネ君の学習では（ディス君も使う場合があります）、**Batch Normalization**（バッチ正規化）が使われます。これは、ニューラルネットワークの各層の出力データを正規化することにより、勾配消失・爆発や過学習を防ぐ工夫です。また、ジェネ君の活性化関数（入力信号の総和を出力信号に変換する伝達関数）には出力層のみ**tanh**を使いますが、それ以外の層は**ReLU**というランプ関数を使います。

一方、ディス君は、全ての層で**Leaky ReLU**を使います。ReLUはxが負なら0を、正なら入力値xを出力する関数で、Leaky ReLUはxが負なら0.2xを、正なら入力値xを出力する関数です。**図13-8**にこれらの関数を示します。なぜこれらの関数を用いるかを説明するには、数式がたくさん出現するので、ここでは省略します。

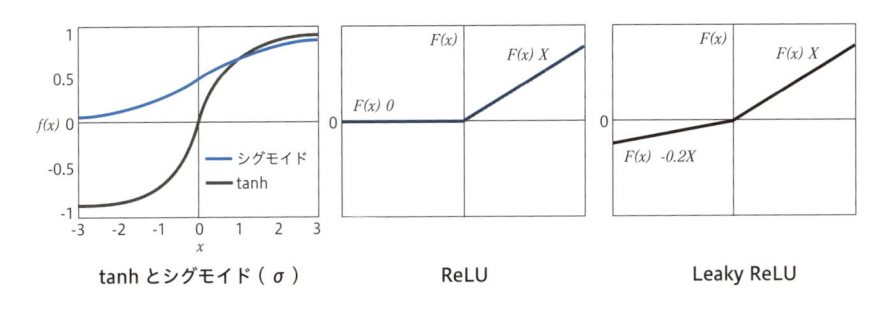

tanh とシグモイド（σ）　　　　ReLU　　　　　　　Leaky ReLU

図13-8：tanh と ReLU と Leaky ReLU

GANの学習は切磋琢磨

：GANって2人が学習するんだよね。どんな感じにやるの？

：交互にバッチ学習をしながらお互い成長するって感じ。学習データを1巡すると1エポックとカウントされるんだけど、エポックごとのディス君とジェネ君のロス率（どれくらい間違えたか）を見て訓練を進めるんだ。

：2人が切磋琢磨して成長してゆくのね。

：GANのユニークなのは、ジェネ君は本物を見たことがないってこと。本物をまんま真似ているわけではなく、本物っぽい特徴をつかんで、「ほら、こんな特徴があれば本物だと思うだろう」という具合に、ディス君さえ騙せればいいんだ。

：ディス君はしょっちゅう本物も見ているのにね。

：だから、ディス君が弱すぎるとジェネ君は相手の弱みに付け込んで、同じようなカードを出し続けてしまうし、逆に、ディス君が強すぎて何を出しても見破られるとジェネ君は勾配消滅という深い迷路に入ってしまうんだ。

：この2人はバランスよく成長させる必要があるのね。

：うん。学習ごとに強弱が入れ替わって振幅しがちで、生成物の結果が良くなったり悪くなったりもする。振幅しながらも収束すればいいん

だけど、そのままってこともよくあるんだ。

：まるで、私と先輩のようですね。

：はぁ～!? 強弱が入れ替わるって意味、分かってる？

：でも、先輩、AIには強いけど女ごころとか恋愛とかのジャンルになると極端に弱くなるでしょう！

：えっ。そ、それは…（麻里ちゃんにだけなんだけどなぁ…）

アップサンプリング

今日のランチは、麻里ちゃんと一緒に中華料理屋さんです♪

「CNN は情報量を減らすのだからいいけど、生成モデルは逆だよね。プアな情報からリッチな画像なんて作れるものなの？」

あっ、次はそこですか。確かに**図13-9**のように、jpegはエンコーダによって画像を圧縮して保存できますが、デコーダーで復元しようとしても情報が削除されてしまったので粗い画面になってしまいます。特徴点を残しながら画質を保ったまま小さくはできるけど、小さいものは情報を足さないと大きいものを作れないですね。どんな情報を足すかなんて神のみぞ知るのように思えますが、アップサンプリングってどうやっているのでしょうね。

図13-9：画像のダウンサンプリングとアップサンプリング

GANは神ではないのですが確率使いです。畳み込み演算の説明で、3×3の9ピクセルの平均で1枠の値を決めた処理を思い出してください。実は逆畳み込み処理でもそのテクニックを使って、欠落している部分に平均値を埋め込んでアップサンプリングしています（実は人間だって同じように、無意識に欠落部分を補完して物事を認識しています）。

図13-10を使って説明しましょう。

①相対的に拡大

　3×3の9マスを5×5の25マスに相対的（相似）に拡大します。このとき、空きピクセルが生じますので、そこにはゼロをパディング（埋め込み）しておきます。

②隙間を中間色で埋める

　5×5の左上から9マスずつ範囲を絞り、そこに含まれている情報での平均値で5×5ピクセルの値を決めます。9マスに含まれる情報がaとbの2つなら(a+b)/2、4つなら(a+b+c+d)/4を求め、その値で隙間を埋めます。手っ取り早くいうと、隣にある情報の中間色で隙間を埋めるということです。これを左上から1ピクセルずつ順番に行うことで、隙間に隣と違和感のない情報が入るわけです。

③特徴を比較

　サイズがアップされたなら、後はCNNと同じくフィルタ（特徴）を比較して画像を変換します。

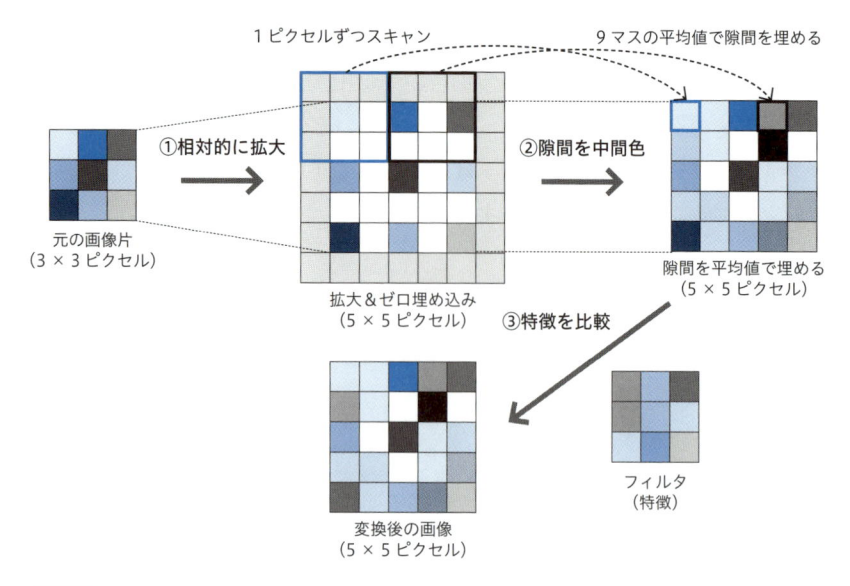

元の画像片
(3 × 3 ピクセル)

①相対的に拡大

1 ピクセルずつスキャン

拡大＆ゼロ埋め込み
(5 × 5 ピクセル)

②隙間を中間色

9 マスの平均値で隙間を埋める

隙間を平均値で埋める
(5 × 5 ピクセル)

③特徴を比較

変換後の画像
(5 × 5 ピクセル)

フィルタ
(特徴)

図13-10：3×3から5×5へのアップサイジング

GANの用途

麻里ちゃんはデザートの杏仁豆腐を食べています。

「これからGANは、世の中で使われるようになるのかしら？」

　GANは今まさに絶賛発展途上中です。まだ、ディス君は騙せても人間を騙せるレベルには到達していませんが、このまま進化すれば遠からずそのレベルをクリアしそうです。どのようなジャンルで使われてゆくのか、どんなことができそうなのかをさっと見てみましょう。

①高解像度の画像生成 (create image)

　ディープラーニングの利用は、これまで「分類」や「回帰」などが中心でしたが、GANによって、逆アプローチである「生成」が実用的なレベルになる

と期待されています。特に画像の生成は、DCGANによって、もう一歩（もう二歩かな）というところまで来ています。人の顔、部屋のイメージ、インテリア、クールなファッション、アニメ、などさまざまな分野で研究発表が行われており、遠くないうちに実用例がいくつか出てきそうです。

　また、直接の使い方ではないのですが、学習データを増やすための水増しなどにもGANを応用している例が発表されています。サンプル数が限られているい医療画像データを生成して、医療トレーニングに使うなどの用途も発表されています。

②画像の翻訳（image to image translation）

　図13-5のような画像から画像への翻訳は、DCGANの登場によってかなりいいところまで来ています。この例はもともと輪郭がぼけている油絵を生成するものなのでお手の物でしたが、別の例でもリアリティのある高解像度の画像を作れるレベルまで来ています。漫画などでラフスケッチを書けば漫画家のタッチで仕上げてくれたり、航空地図から航空写真を作ってくれたり、さまざまな用途が期待されています。

③文章からの画像起こし（text to image）

　絵の特徴を文章で語っただけで画像にしてくれるText to Imageなども発表されています。モンタージュ写真なんかも、今よりずっと精度の高いものができそうですね。

④動画の翻訳（video to video translation）

　図13-2で紹介した動画を見る限り、動画から動画の翻訳も結構なレベルまで来ていることがわかります。映像2のオバマさんは同一人物ですが、映像1の偽美女動画は別の人をリアルタイムにシンクロさせていて、最初に見たときにびっくりしました。往年の女優を使った映画を作ったり、亡くなってしまった彼女が若いころの姿で毎晩話しかけてくれたり、そんなことをサービスするビジネスが生まれたり、などいろんな妄想が湧き出てきます。でも、詐欺やペテンの類に使われる恐れもありそうで、ちょっと怖い技術でもあります。

⑤ビデオ予測（video prediction）

　画像をもとに、その数秒先までの動画を予測する発表がMITからなされています。この技術はまだまだ実用化には遠そうですが、完成すれば、例えば自動運転車の車載モニターに積んで、歩行者や自転車の動きを予測できそうです。

⑥イメージの演算

　GANの面白いのは、偽物を作るだけでなく、生成したイメージを演算できることです。**図13-11**を見てください。左端の「メガネをかけた男」から「メガネをかけない男」を引き算し、それに「メガネをかけない女」を足すと、なんと「メガネをかけた女」が生成されるという嘘みたいな演算ができるのです。

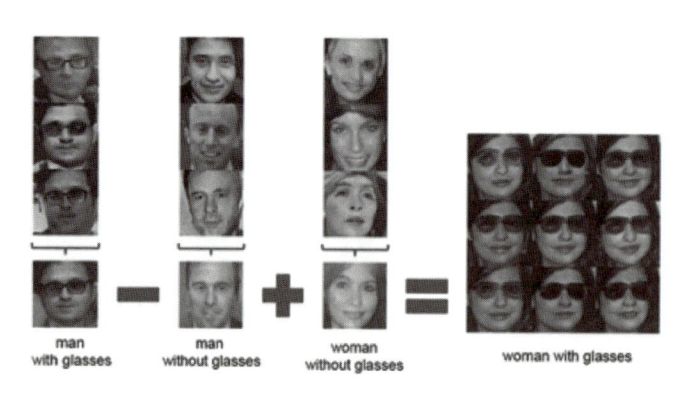

図13-11：イメージの演算　　　　　　　　　　　　　　　出典：Radford et al. (2015)

　この仕組みを潜在変数Ｚ空間で表したのが**図13-12**です。GANで学習した結果の潜在変数Ｚ空間において、「A.メガネをかけた男」と「B.メガネをかけない男」の差分ベクトルを求め、それを「C.メガネをかけない女」にベクトル加算すると「D.メガネをかけた女」が作り出されるのです。矢印の部分を点線に沿って徐々に移動すると、イメージが少しずつ変化しているのがわかります。n次元からなる潜在変数からメガネ以外の次元を引き算すると、メガネの次元だけが残されるっていうわけです。

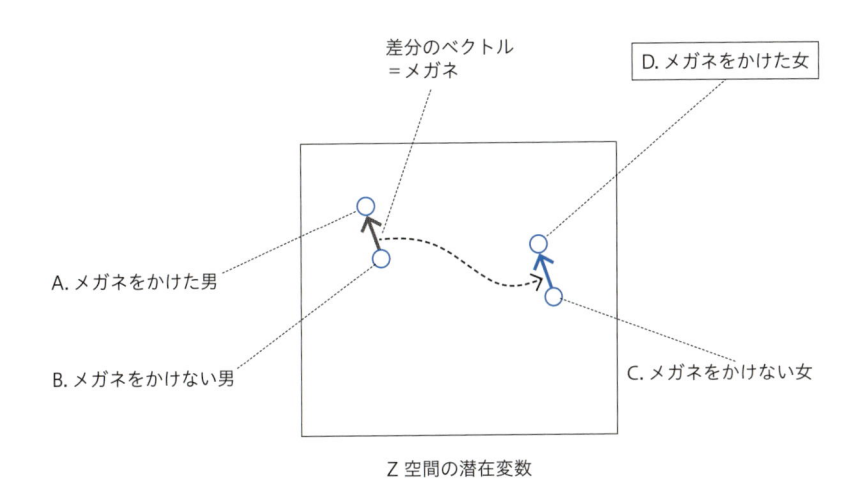

図13-12 ：潜在変数（Z）のベクトル演算

⑦デザイナー

　例えばファッションの分野で、服や帽子などをバーチャルで着せ替えるアプリがありますが、これらもGAN技術ベースになるかも知れません。それにも増して期待されるのが、デザイナーとしてのGANです。トップデザイナーや流行のファッションスタイルを学んだGANが、新しいデザインを創り出すということも、すでに実用化に向けて進められています。ことはファッションに限りません。建築や工業製品、看板、ロゴなど、**あらゆるデザイナーの世界でGANが利用される**可能性があります。

⑧アーティスト

　同じように、いわゆるアーティストと呼ばれる世界にもGANが入っていきそうです。囲碁や将棋の世界で、トップ棋士たちがAIを使って新手を発見したり自己研鑽したりしているように、絵画や書道、彫刻などの美術家をはじめ、小説家や詩人、映画制作、華道家など、**さまざまなアートの世界にGANが利用される**可能性があります。

⑨異常検知

　堅いところでは、正常品と不良品を見分ける異常検知において、正常品のみ学習するモデルにGANが使われます。その仕組みなのですが、まず、学習プロセスでは正常品の画像を使って正常品そっくりの画像を生成するトレーニングをします。

　判定プロセスでは、実物（検査対象の製品）画像をディス君がエンコード（潜在変数にする）し、その潜在変数をもとにジェネ君がそっくり画像を生成します。そして、実物画像とそっくり画像を比較して差分を抽出するのです。

　実物画像に異常がなければ、差分として何も抽出されずに真っ黒になります。でも、実物画像に異常がある場合、ジェネ君は異常部分を生成する技術は学んでいないピュアなヤツなので、差分として異常部分が表され、不良品だよって教えてくれるのです。

* * *

　今、最も注目されているAI技術の1つであるGANの実力をどう見ましたか。現在、**生成**が主役であるGANを進化させるための研究が世界中で行われており、我々の生活にも実用化されたものが次々と登場してくるように思われます。そして、それにつれて詐欺やフェイクなども増えていきそうでちょっと怖い気もしますね。

半教師あり学習とオートエンコーダー

「教師なし学習」は膨大なラベル付けの作業（アノテーション）がいらずデータを準備しやすい。でも、学習が難しくて「教師あり学習」のように思ったような成果を出させるのがなかなか難しい。そこで両方の良いとこ取りをしようというのが「半教師あり学習」です。半教師あり学習は識別モデルと生成モデルで使われていますが、いったいどのように学習させるのでしょうか。

半教師あり学習とは

第7章で、**表14-1**の**教師あり学習（Supervised Learning）**の「分類」と、**教師なし学習（Unsupervised Learning）**の「クラスタリング」の比較を行いました。この対比は教師ありとなし全般に通ずるもので、教師ありは「学習が容易で精度が高いアウトプットを得られる」、教師なしは「学習データや学習の手間がかからない、予想外の結果が得られる」などのメリットがあります。

	学習方法	目的変数	メリット
分類 (Classification)	教師あり	あり	学習が容易 分類精度が高い 目的に合った分類をやってくれる
クラスタリング (Clustering)	教師なし	なし(分類数のみ指定)	学習データが不要 ラベル付けが不要 学習の手間がいらない 予測外の結果が得られる

表14-1：分類（教師あり）とクラスタリング（教師なし）の違い

みなさんは、中高時代に部活をやっていましたか。普通の教師が顧問をやったりするので、きちんとした指導もなくやみくもにトレーニングしていることが多かったように思います。そして、大人になってもゴルフでおんなじ非効率

的な学習を繰り返していたりします（苦笑）。これ、本当はコーチがちょっと
ポイントをアドバイスしてくれるだけで、ぐーんとトレーニング効率が高まる
んですよね。

　半教師あり学習（Semi-Supervised Learning） は、この原理と同じです。少
量の教師データ（ラベル付きデータ）を用いることで、大量のラベルなしデー
タを活かすことができ、より簡単に学習させることができるモデルなのです。
人間だってちっちゃいころに、「これは猫さん」「これはワンワンよ」と何回か
教えてもらっただけで、後は自分でたくさんの猫や犬を見て自己学習していま
す。2012年にGoogleが大量の猫の写真を教師なし学習して、猫を認識できる
分類器を作ってセンセーショナルを起こしましたが、人間の覚え方を考えれば、
半教師あり学習の方がずっと効率的に学習できそうだと分かりますね。

　図14-1 に教師の有無と学習の容易さを整理してみました。AIをどのような
用途で使うかによってその目的に最適な機械学習モデルを選ぶわけですが、こ
こにきて半教師あり学習がかなり注目されています。

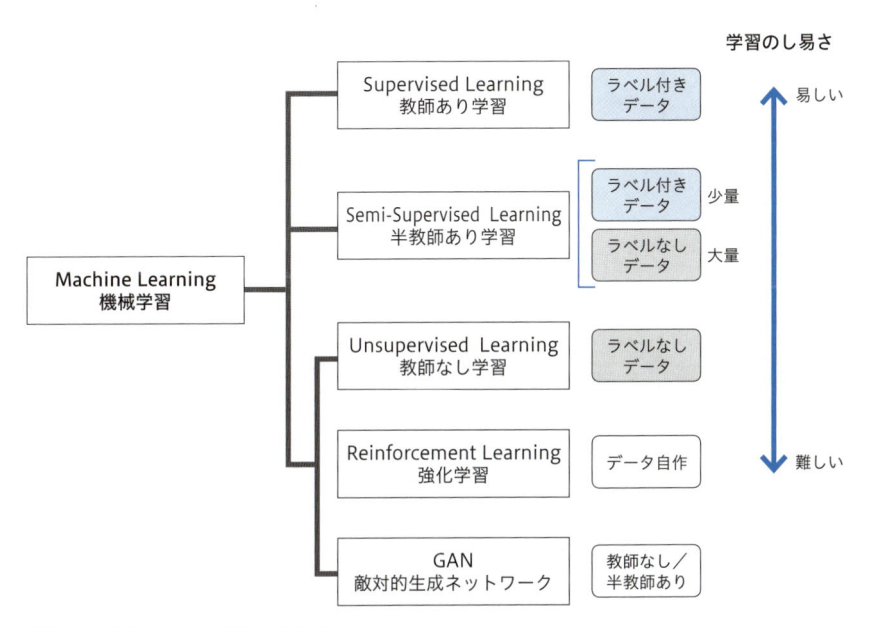

図14-1 ：教師の有無と学習の容易さ

半教師あり学習のモデル

図14-2に半教師あり学習のモデルを整理してみました。半教師あり学習には大きく分けて**識別（Discriminative）モデル**と**生成（Generative）モデル**があります。GANでディス君（識別）とジェネ君（生成）の役割を学んだのでイメージはつきますね。そして、識別モデルは、ラベル付きデータでの分類器を使ってEMアルゴリズムを繰り返す**分類器に基づく手法**と、データの分布をもとにラベルを付けてゆく**データに基づく手法**の2種類に分かれます。これらのモデルについて順番に説明していきましょう。

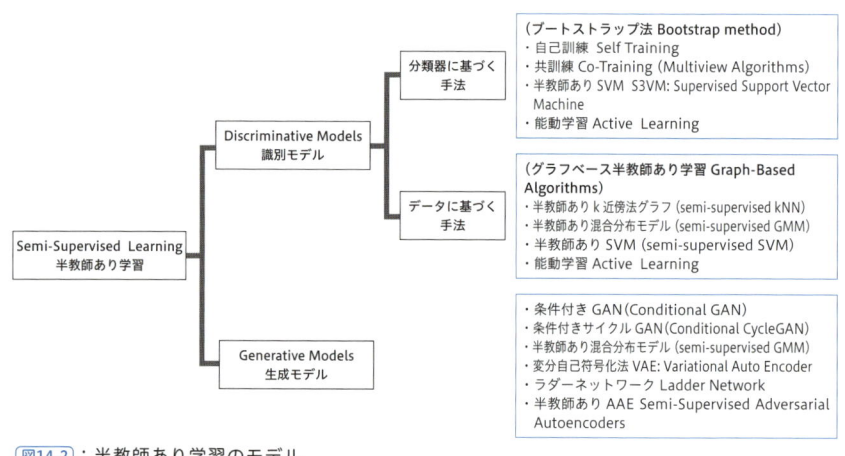

図14-2：半教師あり学習のモデル

分類器に基づく手法…ブートストラップ法（Bootstrapping）

分類器の予測結果にもとづく手法の総称がブートストラップ法です。ブートストラップとは、"自動、自給" という意味で、子供が自分で犬や猫を自己学習してゆくのと似たモデルです。ブートストラップ法には、分類器が1つの**自己訓練（Self Training）**と複数の分類器を使う**共訓練（Co-Trainingまたは Multiview）**があります。

ブートストラップ法は古くからある ルールベースの分類法で、**出会った相手を次々に仲間にしてゆくロールプレイングゲーム (RPG)** です。基本は、**図14-3**に示す2つの処理を繰り返す方法です。

まず、ラベル付きデータとラベルなしデータが入り混じった状態から、ラベル付きデータだけで分類します。…①

その結果をもとに、ラベルなしデータの（こいつはこのラベルのはずだという）信頼度の高いデータのみラベルを付けます。…②

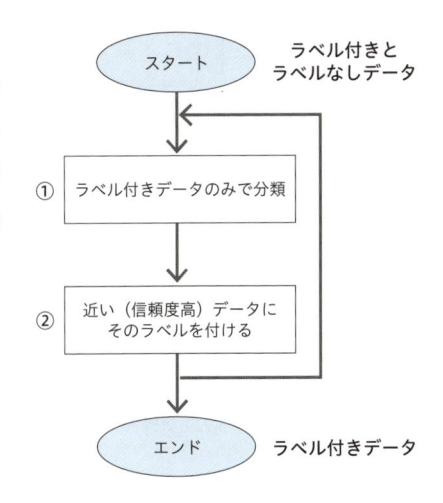

図14-3 ：ブートストラップ法

そして、これらのデータも加えたラベル付きデータだけでもう1度分類します。…①

これを繰り返して次々に自分でラベルを付けてゆくのです。

このときの分類に使うのは「教師あり学習」の分類器です。k近傍法やSVM（Support vector machine）、デシジョンフォーレスト、ロジスティック回帰など、さまざまある分類アルゴリズムのうち最も適していると思われるものを使います。例えば、分類器のアルゴリズムがSVMのものが**半教師あり SVM** となります。

(1) 自己訓練 (Self Training)

半教師あり SVM を使って、Self Training の仕組みを説明します。題材は以前用いた営業と管理部の性格診断データです。営業向きか管理部向きかという職掌と性格との関係を調べようとして営業4人、管理部4人の合計8人の性格診断をしたところ、**図14-4**のような分布となったとしましょう。これだと**データがまばら (data sparseness)** なので両者をどう分類してよいかわからず、とりあえず行動スタイルが積極的か慎重かだけで分類しています。

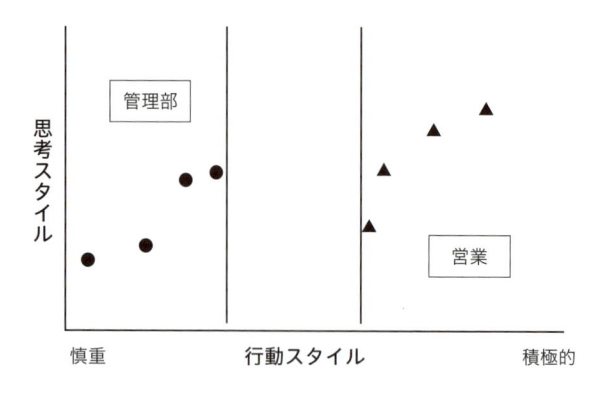

図14-4：教師ありデータのみ

図14-5は、ここに他社の性格診断の結果も加えたものです。こちらはラベルが付いていないので、誰が営業で誰が管理部なのかわからず全て未知（□）のデータですが、data sparsenessが解消されて、人間なら一目でどこで区切ればよさそうか見えてきます。AIは、一目で見分けるってのが苦手なので、ここでSelf Trainingにより**図14-3**の②の処理を行います。

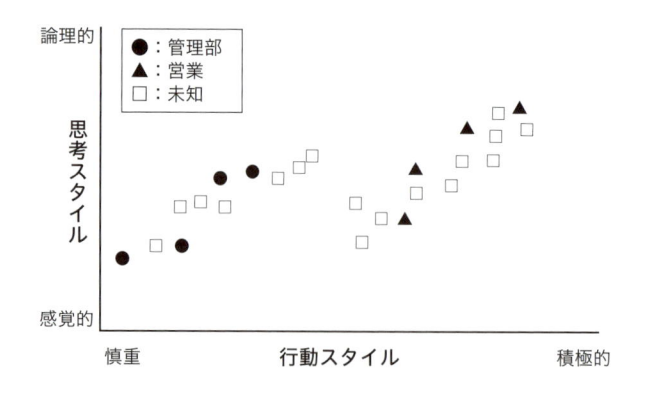

図14-5：教師ありデータと教師なしデータ

図14-6はラベルなしデータのうち、信頼度が高いデータ（丸で囲んだ8つ）に●と▲のラベルを付けてSVMで分類したものです。ラベル付きデータが倍

の8個ずつになったので、今度は斜めの線で区切るのがいいと分かるわけです。これを繰り返して、自分で次々とラベルなしをラベルありにひっくり返していくのがブートストラップ法のSelf Trainingなのです。

　丸で囲むデータの選び方には、信頼度が閾値以上のデータを選ぶ、信頼度の高い順にk個選ぶ、信頼度の重みを勘案して区切る場所を決める、などいくつか方法があります。行動スタイルだけでなく思考スタイルも加味して斜めの境界線で区切ることにより、積極的と慎重の中間の人たちは、感覚的な人が営業、論理的な人が管理部という関係が見えてきます。あ、あくまでも説明のための架空の設定ですので、この性格分析は信じないでくださいね。

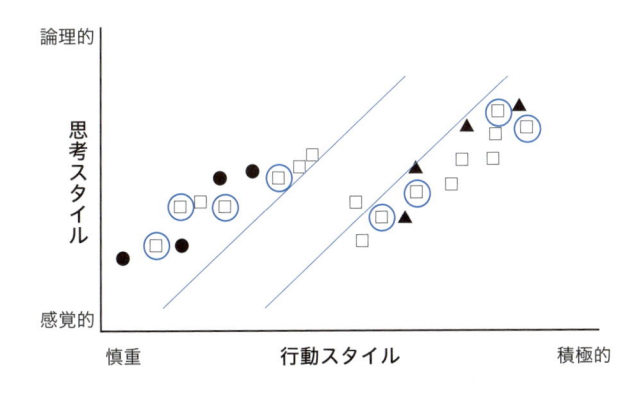

図14-6：高信頼度のデータにラベル付け

(2) 共訓練 (Co-Training)

　Self Trainingの弱点は、信頼度に基づいて「エイ・ヤー」と気合でラベルを順に付けてゆく方法なので、最初に間違えると間違いが増幅される点です。ブートストラップ法である限り、真の分布に基づく最適な分類器を作るのは無理なのですが、この弱点を少しでも解消しようと考え出されたのがCo-Trainingです。

　Co-Trainingの基本アルゴリズムはSelf Trainingと同じですが、今度は**図14-7**のように分類器を2つ使います。分類器1と分類器2でラベル付きデータ Lをそれぞれ分類します。ラベルなしデータUからランダムにデータプールU´を作り、このデータをそれぞれの分類器で分類して、信頼度に応じてポジティ

ブ（丸で囲む）をp個、ネガティブをn個選び、その結果をラベル付きデータ Lに反映します。これをk回繰り返してラベル付けを行ってゆくのですが、2つ の分類器がポジティブだけでなくネガティブな意見も言い合うアンサンブル学 習なので、分類器が1つの時よりも"独断と偏見"が防げるわけです。

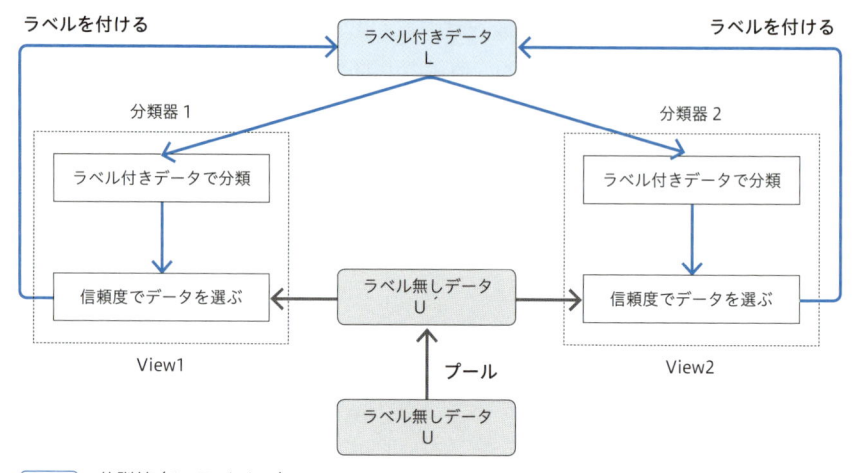

図14-7：共訓練（Co-Training）

Co-Trainingは、データの2つの素性が独立して、それぞれが有効に分類で きるときに適しています。素性とは分類するための特徴のことで、例えば図 14-4における行動スタイルと思考スタイルなども素性です。ただし、この2つ は独立していない可能性がありますし、思考スタイルだけではうまく分類でき ないので、Co-Trainingに適用するのは不向きな素性と言えます。よく引き合 いに出される素性はCo-Trainingの提唱者Blum氏が例に挙げたもので、Webペー ジを分類するのに、書かれている文章を素性とする分類器(View1)と、ハイパー リンクの文字を素性とする分類器(View2)です。

なお、Co-Trainingは2つの分類器ですが、複数の分類器を使ってラベルなし データを予測する方法を総称して**Multiview Algorithms**と言います。この場 合、意見が割れるところは多数決で決定するなどの方法が取られます。

　図14-8のようにラベル付きデータで学習して、ラベルなしデータにラベルを付けてゆく処理をトランスダクティブ学習と呼びます。トランスダクティブ学習は、ラベルなしデータがラベル付けされれば終了ですが、完成した分類器を使って未知のデータを分類するところまで行うことを帰納的学習と言います。まあ、言葉の定義だけですが、これらの言葉はよく出てくるので覚えておいてください。

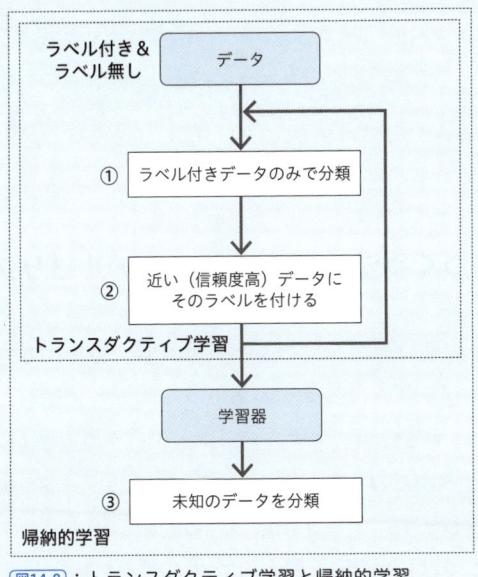

図14-8：トランスダクティブ学習と帰納的学習

（3）Active Learning（能動学習）

　アクティブラーニングは、運用しながら追加学習する方法でしたね。半教師あり学習に、このアクティブラーニングを取り入れる方法もありますので紹介します。**図14-9**の分類器の処理は Self Training で、信頼度の高いデータにせっせとラベルを付けてラベル付きデータとしています。一方、信頼度がそこまで高くなかったデータに対して、人間がアノテーションを行い、分類器を助けています。**図14-7**の Co-Training における分類器の1つを人間に置き換えて、分類器同士で判断するよりもさらに精度を高めているわけです。

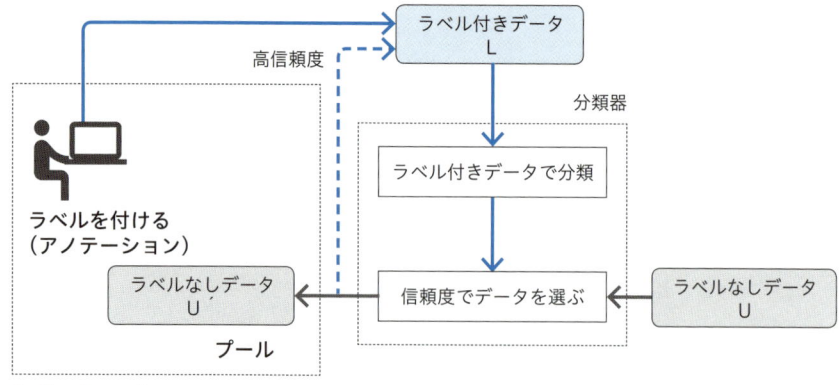

ラベルを付ける
（アノテーション）

プール

Active Learning

図14-9：アクティブ ラーニング（Active Learning）

データに基づく手法…グラフベースアルゴリズム

　ブートストラップ法は、分類器のアルゴリズムで分類する方法です。一方、グラフベースアルゴリズムは、ラベルありラベルなしに関わらずデータ分布をもとにグループ分けする分類法です。データとデータの近さ（類似度）をもとに、"近いものは同じラベルだろう"と考えて、ラベルありデータからラベルなしデータにラベルを伝播します。データが近いものを図るアルゴリズムにはいろいろありますが、ここではk近傍法と混合ガウスモデルを紹介します。

（1）半教師ありk近傍法グラフ（semi-supervised k-Nearest Neighbor）

　k近傍法は、あるラベルなしデータがどちらのグループに属するかをそのデータの同心円を描いて、多数決で多い方に色を染める**"類は友を呼ぶ手法"**でしたね。このラベルなし、ラベルありを逆にして、あるラベルありデータをもとに同心円を描いて、その中に入るデータを同じラベルに染める方法が、半教師ありk近傍法グラフです。

　図14-10を使って説明しましょう。ラベルありデータを中心にラベルなしデータがk個（ここではk=2）含まれる円を描き、その範囲に含まれたデータを同じ形に染めます。これを繰り返して次々とラベルを付けてゆくわけです。

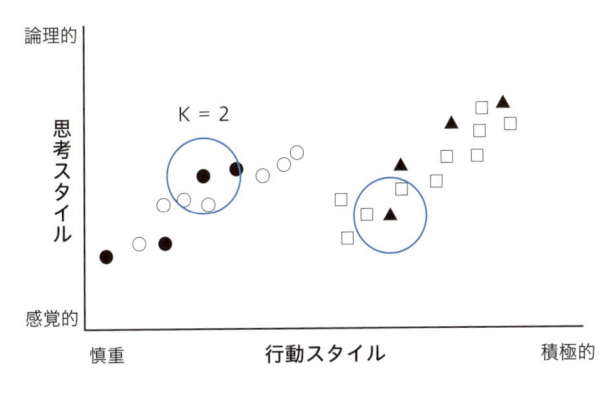

図14-10 ：半教師ありｋ近傍法グラフ

(2) 半教師あり混合ガウスモデル (semi-supervised Gaussian mixture models)

　ｋ近傍法は、近い順番にｋ個選ぶという単純な方法なので、分布によっては
かなり遠いデータも選んでしまう場合があります。そこで、もう少していねい
に、近さを確率計算で求めようとしたものが混合ガウスモデルです。混合ガウ
スという言葉は、クラスタリングの説明の箇所で出てきました（第10章参照）。
ガウスとは正規分布（＝確率分布）のことで、混合とは複数の要素（次元）を
重ね合わせることでしたね。つまり、複数の要素ごとに近さを確率で求めて、
それを重ね合わせて近さを求め、閾値以上の確率のものを"近い"と判定して
ラベル伝搬するわけです。

オートエンコーダー（Auto Encoder）

　第13章でGANという生成モデルを学びましたが、オートエンコーダーとい
う生成モデルも有名です。**オートエンコーダー（自己符号化器）**は、もともと
は**次元削減**の手法として注目されていました。**畳み込みニューラルネットワー
ク**で、畳み込み層とプーリング層を繰り返すことにより、特徴を圧縮していた
ことを思い出してください（第11章参照）。オートエンコーダーは、このよう
な次元削減するのに有効な手法の1つだったのです。

図14-11は**エンコーダー**と**デコーダー**の役割を表したものです。エンコーダーとデコーダーは表裏一体の関係になっており、デコーダーはエンコーダーと逆の処理を行います。エンコーダーで圧縮した特徴をデコーダーで復元できれば、入力データ(X)の不要な次元を削減した**潜在変数**を得ることができています。機械学習の方法としては、出力(X')が入力(X)と一致するように、両者を比較して**復元誤差(Reconstraction Error)**を求め、**誤差逆伝搬(バックプロパゲーション)**によりエンコーダーとデコーダーの2つのニューラルネットワークの重みを調節する感じです。

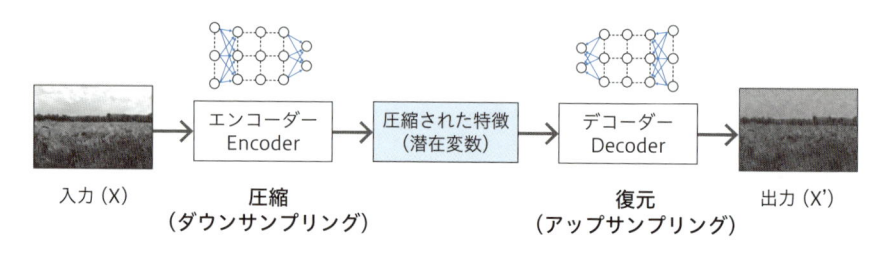

入力(X)　　　**圧縮**　　　　　　　　　　　　　　　**復元**　　　出力(X')
　　　　（ダウンサンプリング）　　　　　　　（アップサンプリング）

図14-11：オートエンコーダー(Auto Encoder)

　ところで、なぜ、次元削減を行うんでしたっけ。はい、そうです。次の2つの問題を回避するためでしたね。

①勾配消失(Vanishing gradients)

　勾配消失問題は、リカレントニューラルネットワークのところでも出てきました。単純にニューラルネットワークの階層を深くしてゆくと計算対象データが膨大かつ複雑になり過ぎ、誤差逆伝搬で変更する勾配（誤差をもとに各階層に逆伝搬する重み）が消失する問題です。

②過学習(Overfitting)

　過学習は、特定の訓練データばかりで学習し過ぎて、そのデータだけに強いガリ勉くんになってしまうことでしたね。これを避けるために、正則化やドロップアウト、K分割交差検証などのデータを間引く手法があったことを思い出し

てください（第6章参照）。また、CNNのところでプーリング層によって特徴の位置感度を低下することで、位置に対するロバスト性を高めると説明しました（第11章参照）。これらに共通するのは、データを疎にする（次元削減）ことにより過学習を防いでいる点です。

▌オートエンコーダーの利用例

オートエンコーダーは、事前学習（Pre Training）として次元の削減に使われていました。最近は**CNN（畳み込みニューラルネットワーク）**や**RNN（リカレントニューラルネットワーク）**のように、それぞれのアルゴリズムの中に次元削減処理が含まれているので、事前学習として使われることはなくなったのですが、今でも次のような用途で使われています。

(1) 学習データのノイズ除去

機械学習では、学習データに入っているノイズは分類器の認識率を下げてしまいます。オートエンコーダーは、このようなノイズを除去するデータクレンジングなどに使われています。**図14-12**では、ノイズなし画像で訓練したオートエンコーダーを使って、入力データ(X)に付いているノイズ（汚れだったり、光の影だったり）を取り除いています。

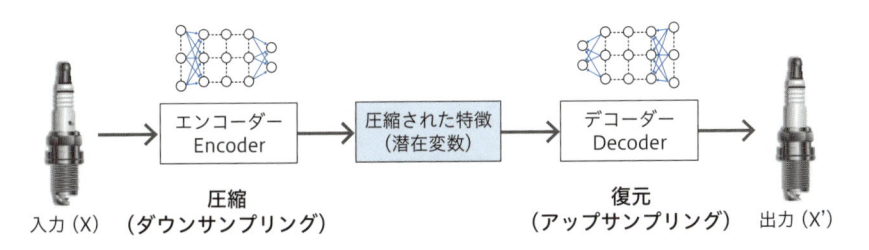

図14-12：オートエンコーダーによるノイズ除去

(2) 異常検知の異常箇所特定

図14-13は、この仕組みを応用した異常検知システムの例です。第13章の

GANの利用例でも触れましたが、正常品のデータだけを学習したオートエンコーダーは、検査対象に傷やひびなどの異常があった場合でもそれらを除去した画像(X')を出力します。この出力(X')を元データ(X)と比較して差分を抽出することにより異常検知がなされ、どこに傷やひびがあったかを特定してマークを付けることができます。

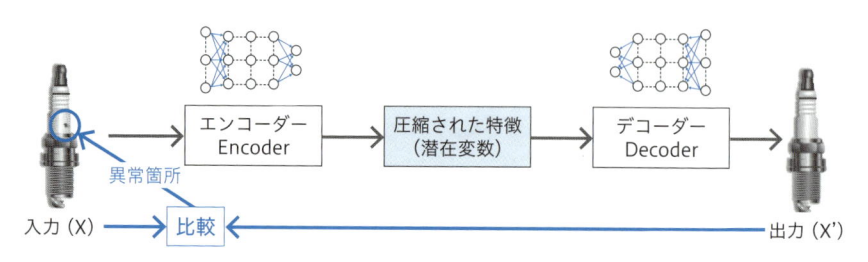

図14-13 ：オートエンコーダー（VAE）による異常個所特定

（3）圧縮した特徴をもとにしたクラスタリング

特徴を圧縮した潜在変数をz空間上にマッピングすると、特徴に応じた分布の塊ができます。つまりエンコーダーがうまく特徴を抽出できるならば、その圧縮した特徴ごとにクラスタリング（分類）することができるわけです。この使い方については、後述の半教師ありVAEのところでもう一度説明します。

▍VAE（Variational Autoencoder）

機械学習には、**識別（Discriminative）モデル**と**生成（Generative）モデル**があります。**DCGAN**のジェネ君が潜在変数から偽物を作ったのと同じように、オートエンコーダーの後半部分（デコーダー）を使えば生成モデルができます。**VAE（Variational Autoencoder）**はこのような生成モデルの1つで、DCGANと同じく潜在変数を取得するのに確率分布を使っています。

図14-14は、VAEの学習イメージです。入力(X)にできるだけ似せた出力(X')を生成するわけですが、**復元誤差（Reconstraction Error）**をもとに、エンコーダーとデコーダーそれぞれの重みを調整して、潜在変数（凝縮された特徴）を

求めています。エンコーダーは入力（X）の特徴を圧縮してN次元のガウス分布の**平均 μ**と**分散 σ**を出力し、その2つをもとにして**潜在変数Z**をサンプリングで求めます。

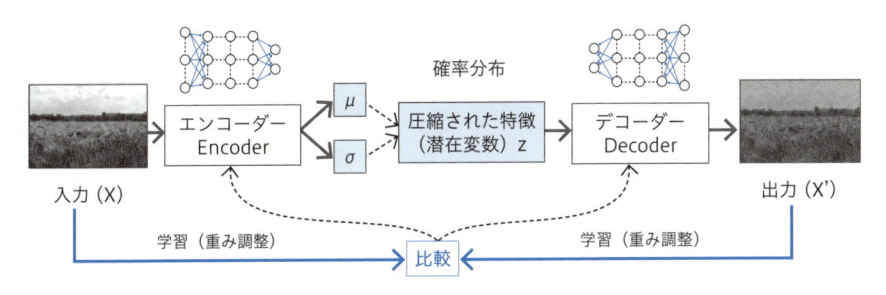

図14-14：VAEの学習

図14-14では詳しい説明を省いていますが、実はサンプリングのままだと誤差逆伝搬で学習することができませんので、**Reparameterization Trick**という技を使ってサンプリングを近似計算に変えています。また、**Regularization Parameter（正則化パラメータ）**により、潜在変数が散らばらないように工夫もしています。記号や用語が出てきてうわっとなった人は、以前説明した**確率分布＝正規分布＝ガウス分布**を思い出してください（第10章参照）。データの平均値が μ、平均値から散らばる度合いが分散で、その平方根が標準偏差 σ です。

なお、**図14-13**も**図14-14**も入力（X）と出力（X'）を比較しているので紛らわしいのですが、この2つは処理のタイミングが違います。**図14-14**は学習時のモデルなのですが、**図14-13**は学習済の分類器を使って異常判定している本番時のモデルです。

麻里ちゃんのAI奮闘記

生成モデルと識別モデルの違い

：最近、浅草の観光案内所でボランティアしているんだって？

：あ、先輩、ちょうどよかった。聞きたいことがあるんですけど…。

：うん？好きな女性のタイプとかぁ？

：そんなこと聞いてどうするんですか。聞きたいのは、生成モデルと識別モデルの関係です。なかなかピンとこなくって…。

：そんなことですみませんでしたね、はい。

：あれ、いじけてますか？

：まさかぁ。じゃあ、説明するよ。麻里ちゃんがボランティア先で外国人のしゃべっている言語が何語なのか見分ける勉強をするとしようか。

：あ、それしょっちゅう思います。

：生成モデルは各言語について勉強して、その知識を使って見分けるってタイプ。

：うわぁ、めっちゃ真面目なタイプですね。

：で、識別モデルは各言語について勉強はせず、ただ単語や文法の違いで見分ける ってタイプなんだ。

：あ、私が学生の頃、試験勉強はこっちのやり方でした。

：どう、イメージついた？

：え、これで終わり？なんだかますますわからなくなっちゃったわ。

半教師あり VAE

　オートエンコーダーは、教師なし学習のクラスタリング（分類）にも応用できます。図14-15を例にして説明しましょう。図14-13では正常品のみを学習させましたが、図14-15では正常品と異常品の両方を学習データに使います（ただし、ラベルを付けない教師なし学習）。学習処理において、正常品と異常品

の画像10000枚を入り混じえて訓練したとしましょう。学習してゆくうちにエンコーダで圧縮された特徴は、潜在変数Z空間において正常品と異常品とで分布が異なってきます。

(1) 学習処理

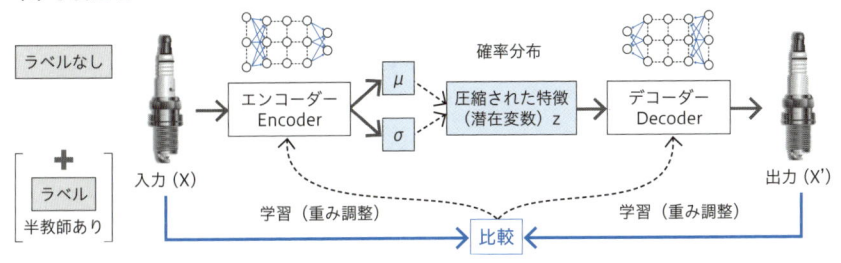

(2) 識別処理

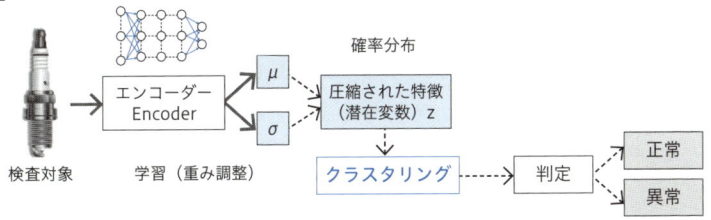

図14-15：VEA クラスタリングによる異常検知

図14-16のような分類ができるようにトレーニングしたエンコーダーを識別処理で使います。未知の品を検査したときにエンコーダーが抽出した特徴がどこに分布しているかを判定して、正常か異常かを識別するのです。

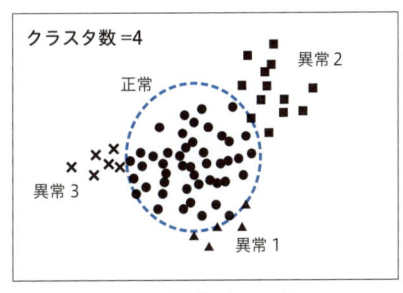

潜在変数（Z空間）

図14-16：VAE によるクラスタリング

VAEは教師なし学習でも使えるモデルですが、半教師あり学習にすることで精度向上を図ることもできます。**図14-15**の学習処理において、入力の画像10000枚のうち100枚にラベル（正常品、異常品）を付けて学習させたとしましょう。グラフベースアルゴリズムなどを用いて、正常品の特徴と異常品の特徴の分布確率を高め、判定精度を向上させることができます。

Conditional GAN（条件付きGAN）

GAN（Generative Adversarial Networks）という生成モデルの説明に使ったDCGANは教師なしの自己学習でしたが（第13章参照）、これを半教師あり学習にして学習をコントロールするモデルがConditional GANです。この仕組みについても解説しておきましょう。

図14-17は、ジェネ君（生成器）とディス君（識別器）の学習時にラベル（モネかゴッホか）を付けてあげる半教師あり学習です。ジェネ君の学習の際には「これはモネの絵の潜在変数ですよ」と教えてあげ、ディス君の学習の際には「モネの絵について識別しているんですよ」と教えてあげるわけです。

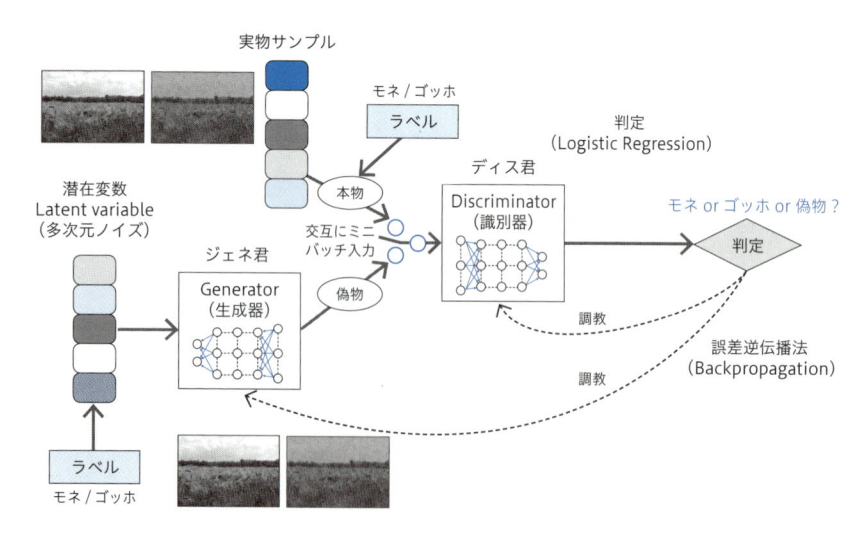

図14-17：Conditional GAN

通常のGANでは、ディス君は本物か偽物かを見分けるだけですが、Conditional（条件付き）モデルでは、モネの絵かゴッホの絵か偽物かの3つの判定になります。このような半教師あり学習でトレーニングすることにより、ジェネ君に対して「モネの絵を生成して」とか「ゴッホの絵を生成して」というようにリクエストすることができます。

▌ VAEGAN

一般に、VAEはGANに比べて生成する画像の鮮明さが劣ります。一方、GANは **mode collapse（モード崩壊）** という問題を抱えています。モードとは最頻値のことで、ファッションのモード（流行）も同じ語源です。数学の授業でも出てきましたね。mode collapseは、ジェネ君が訓練データの最頻値に分布を寄せてしまい、同じようなデータばかり生成してしまう現象です。GANはこのような問題を抱えていて学習が難しいのです。

この両者の弱点を補うために、**図14-18**のようにVAEの後ろにGANをくっつけたモデルが考えられました。それがVAEGANです。

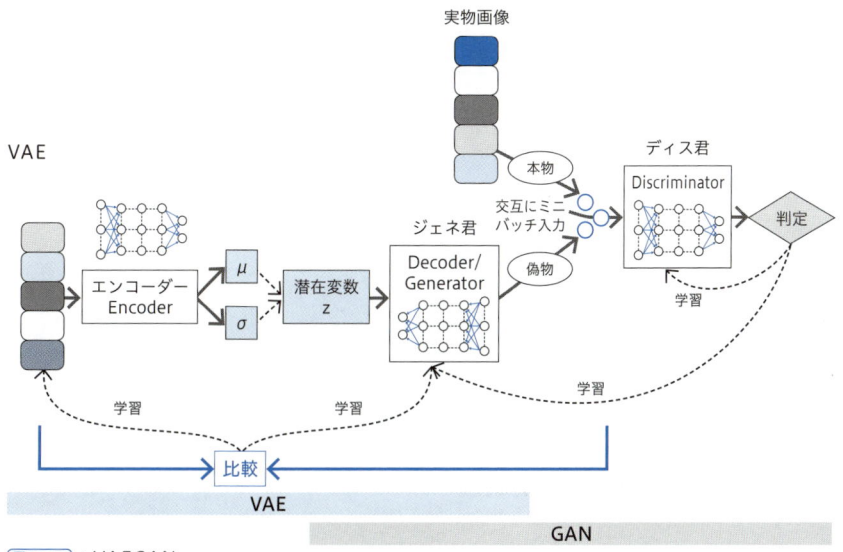

図14-18：VAEGAN

VAEGANでは、VAEとGANそれぞれが独立して学習します。

・エンコーダーは、入力画像とジェネ君(=デコーダー)が生成した復元画像の差を誤差逆伝搬して学習(VAE)
・ディス君(識別器)は、実物画像と偽物画像(復元画像)を見分ける判定結果を誤差逆伝搬して学習(GAN)
・ジェネ君(デコーダー)は、上記2つの誤差逆伝搬で学習(VAE+GAN)

このような役割分担で学習したエンコーダーとディス君とジェネ君が力を合わせて本物そっくりさんを生成することにより、mode collapseを起こりにくくできるのです。

＊　＊　＊

麻里ちゃんへの説明はイマイチでしたが、生成モデルと識別モデルの違いはわかりましたでしょうか。一般に、オートエンコーダーは識別モデルで、VAEやGANは生成モデルとされますが、オートエンコーダーの生成機能を使って異常検知したり、VAEをクラスタリングに使ってみたり、VAEとGANを組み合わせてみたりとバリエーションが豊富です。さらに、教師なしだけでなく、Conditionalモデルにして教師あり／半教師ありなどを組み合わせて精度を高めたりと、今なおすごいスピードで進化し続けています。

第 3 部

ビジネスに活用するための人工知能を学ぶ

AIをビジネスに活用する際に押えておくべきポイント

これまで人工知能の基礎を学び、機械学習の学習方法やアルゴリズムといった仕組みを理解してきました。本章以降では、これらの"知識ボーン"を持ったうえで、いよいよ人工知能をどのようにビジネスに活用するかを考えていきたいと思います。

非構造化データ（Unstructured data）を処理する目的

　人工知能をビジネスに活用する際に、まず覚えておくべき大原則があります。それは、"人工知能は非構造化データを処理するための最終兵器"だということです。**図15-1**に示すように、世の中には構造化データと非構造化データがあります。リレーショナルデータベース（RDB）やExcel、CSVファイルのように決まった枠の中に文字や数値が格納されているものが構造化データで、枠（構造）の定義を持たないものが非構造化データです。さらに非構造化データにはJSON（JavaScript Object Notation）やXML、HTMLのように規則性を持つものと、文章（テキスト）や音声、言語、画像、動画のように規則性のない

図15-1：構造化データと非構造化データ

ものがあります。

　もともと自然界や人のコミュニケーションで生ずる情報は非構造化データです。それをいい感じに加工してRDBやExcelに格納したものが構造化データなのです。こうすることで、コンピュータ君は高速かつ正確に処理することができるわけです。

　そして、インターネット時代になって、非構造化データにも規則性を持たせてコンピュータ処理しようという発想で、HTMLやXMLが登場しました。これにより画像や文章などを組み入れたデザインの世界をインターネット君が処理できるようになり、一気にコンピュータの世界が華やかになり、クラウドに収集したビッグデータを利用できるようになりました。

　残った部分が、非構造化データの規則性なしです。文章や音声、画像、言語などのデータを認識するのはコンピュータの苦手領域だったので、自動化されないまま人間がやり続けていました。そこに登場したのが人工知能です。人間が自然界の情報を認識して判断・処理するように、人工知能を使うことで非構造データを取り扱えるようになってきたのです。

　コンピュータは、次の2点で人間よりも優れています。

・コンピュータは高速だが、人間は遅い
・コンピュータは正確だが、人間はミスをする

　AIはもちろんコンピュータですが、実態はコンピュータよりは人間に近いと考えた方が当たっています。上記2点においても、AIはコンピュータよりも人間に近いと考えられるので、AIはコンピュータより遅く、人間のようにミスをするということが言えます。つまり、コンピュータでロジック処理できるならAIの出番はないということになります。

構造化データを処理するなら、AIよりもコンピュータの方が向いている

AIをビジネスに活用する際に、この認識は重要なポイントとなります。AIで処理しようと考えてみたが、結局、ロジックの方が適していると結論付けられるケースの多くは構造化データです。広告宣伝のために必要以上にAIを謳っているケースをよく見かけますが、実態はロジック処理だけで、AI的要素を使っていないものも相当あります。

例えば、入出金明細データから自動仕訳を行うようなケースは構造化データの処理です。仕訳パターンの学習効果があるとか、起票漏れを防止するとか、"頭の良さ"を謳ったとしても、そんなものはAIよりもロジックで処理した方がずっと速くて正確です。

AIは判断結果に信頼度が付きます。逆に言えば、常に100%の信頼度が得られるとは考えずに利用すべきものです。自動仕訳のような間違っては困る処理に使うのは、（現時点では）不適切と言えます。逆にCT画像を見て癌の可能性を発見してくれるように、人間を補佐（もしくは人間が補佐）してくれるものと考えて活用を考える方が適しています。「人間 vs AI」ではなく「人間 with AI」なのです。

人工知能に何を期待するか

人工知能は、従来イメージの「計算処理の早いコンピュータ」というよりも、「人間を模倣するもの」と考えた方が良いことはわかりました。では、その前提で人工知能を見た場合に、どのようなことを期待すべきでしょうか。

エンタープライズ（企業）におけるAIのことをDigital Laborと呼ぶことがあります。Digital Laborにどのような役割を期待するかを私なりに**図15-2**に整理してみました。これらのどれか1つということではなく、複数の役割を果たすケースも多いのですが、AIの強みを理解して何を求めるかイメージを持っておくと、期待と成果のミスマッチを防ぐことができます。

(1) 単純作業を黙々とミスなくやってくれる【働き者】

AIは人間だと考えたとしても、もともとはやはりコンピュータです。文句も言わずに黙々と単純作業をこなすような役割は大得意です。人間の入力作業

> ## AI にどんな働きを期待するか
>
> (1) 単純作業を黙々とミスなくやってくれる働き者
> (2) 24 時間戦える現代の企業戦士
> (3) 熟練者の技術を習得して継承する熟練社員
> (4) 大量データを即時に読んで判断する聖徳太子
> (5) 人間ができなかったことをやってくれる天才社員

図15-2：Digital Labor に期待すること

を記憶してひたすらやり続けるRPA（Robotic Process Automation）や、高所にある電線の異常検知のために撮影を続ける自動運転ドローン、部屋のレイアウトを覚えて黙々とお掃除を行うロボット掃除機、人間のスケジュール管理やチケットの手配など個人秘書のように働いてくれるパーソナルアシスタントなど、ロボット系のAIは働き者だと言えます。

(2) 24 時間戦える現代の【企業戦士】

　若い人は知らないかもしれませんが、その昔バブル真っ最中の頃、栄養ドリンクのCMで「24時間戦えますか」というフレーズが大流行しました。今にして思えばブラックな香りが漂うCMかもしれませんが、当時は日本が成長を続けていて徹夜も当たり前の時代で、そんな雰囲気に合っていたように思います。

　あれから30年、働き方改革がキーワードとなっている現代社会において、人間の代わりに24時間戦ってくれるのがAIです。働き方改革とかブラックとか文句も言いません。膨大なインターネットの中をひたすらクロールして、欲しい情報を見つけて取り出してくれるサーチサービス、膨大なデータを照らし合わせて最適な組み合わせを見つけてくれるマッチングサービス、企業内のドキュメントをテキスト解析してナレッジを有効活用できるようにするナレッジサービスなど、大量データを休みなく処理し続ける系統のAIは、24時間戦える現代の企業戦士だと言えます。

(3) 熟練者の技術を習得して継承する【熟練社員】

　少子高齢化社会を迎えて、熟練者の大量退職による知の継承をどうするかが

社会問題となっています。その1つの解決方法が熟練者の技術をAIに継承させるというものです。CTスキャナの画像から癌を検出する、製造検査で自動的に不具合のある製品を弾き飛ばす、衛星画像やドローンの映像から植物の成長状況を把握して対処が必要な箇所を教えてくれるなど、熟練者でなければできなかったような作業を教え込んでやってもらうのです。

(4) 大量データを即時に読んで判断する【聖徳太子】

これまた今となっては若い人は知らない逸話でしょうか。聖徳太子は、一度に10人もの人が発した言葉を理解して的確な答えを返したと言われています（私が子供の頃は学校で習いました）。たった10人でも2000年もの間逸話になることでわかるように、人間は同時に大量の情報を処理することが苦手です。

一方、AIはコンピュータなのでこういう処理は得意です。SNSやカスタマーサービスで書き込まれた情報をウォッチして人間の対応が必要な内容を検出する、いろいろな人の嗜好傾向をもとにレコメンドする、競合の価格をリアルタイムに検知して自動的に自社の売価を変動させる、通常と違う使われ方を見つけ出してクレジットカードの不正使用を検知するなど、目や耳を張り巡らせるような処理を簡単に実現してくれます。

(5) 人間ができなかったことをやってくれる【天才社員】

パーソナルアシスタントや自動運転車などは人間のような能力を持つことを（当面の）目標としていますが、AlphaGoが世界トップクラスのプロ囲碁棋士を圧倒したように、既に人間をはるかに超えている事例が続々と誕生しつつあります。

例えば、株取引では既にAIが人間よりも優れた実績を出しており、ウォール街のトレーダーやファンドマネージャーの多くがAIに取って代わられています。また、過去の売上データに天候やイベントなどの情報を加えた需要予測により、コンビニのおにぎりの廃棄を人間（店長）よりも減らしたという事例も発表されています。

パーソナルアシスタントや機械翻訳など目に見えるわかりやすいAIを見て、AIはまだまだだと思っている人も多いのですが、実はゲームや分析、予測な

どの分野では既に人間をはるかに超えつつあるのです。

人工知能の得意なことと活用分野

　人工知能の主な活用分野と得意不得意の関連を**図15-3**に示します。上に行くほど難易度が高く（不得意）なり、右に行くほどAI（Digital Labor）の役割が高度（給料の高い社員）になっています。

　RPA、Search（サーチ）、Knowledge（ナレッジ）、Anomaly Detection（異常検知）などは比較的難易度が低いので、既にいろいろな現場で実践され成果を出しています。

　またSelf-Flying Drone（自動運転ドローン）、Matching（マッチング）、Recommendation（レコメンド）、Data Science（データ分析）、Prediction（予測）などもかなり実用化が進んでおり、これから一気に花開きそうな分野と言えます。

　そして、AI Agent（パーソナルアシスタント）、Robotics（ロボット）、Autonomous（自動運転車）、Classify（検索・分類）、Optimization（最適化）などの分野におけるAIの活用は、上記に比べると少し難しいのですが、今まさに実用化されたものが出てきている状態で、すぐに身近で使われることになりそうです。

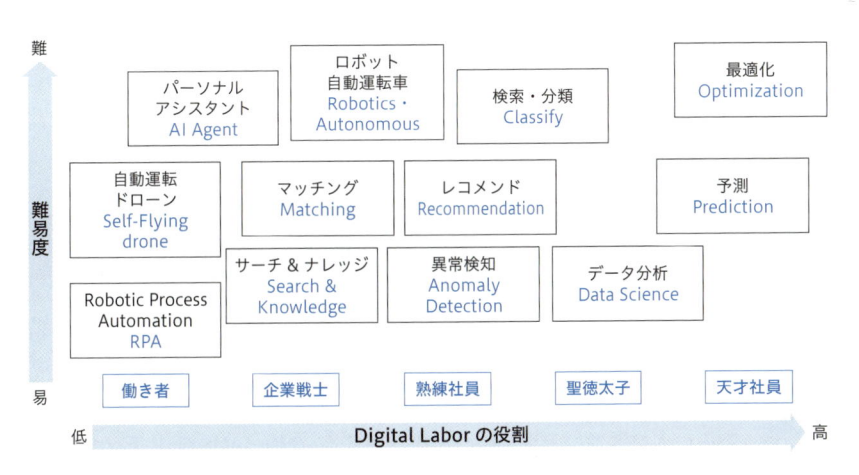

図15-3：AIの得意不得意と活用分野

ERPを取り巻くAI活用

：先輩、なに難しい顔しているんですか？

：う〜ん、ERPの機能の中でAI化できそうなものがないかなと考えていたんだ。

：ERPの業務範囲は幅広いから、いろいろありそうですね。

：それが、なかなかいい活用が浮かばないんだ。やっぱり、ERPのテリトリーって構造化データの牙城だし、どうもAI君の出番はないみたい。

：確かに、100％の精度が要求される業務データに、信頼度95％とか言われても困っちゃいますもんね。

：でも、**図15-4**のようにERPを取り巻く周辺なら、幅広い分野でAIが活用されつつあるよ。

：あ、ほんとだ。販売業務や人事、製造、経営など各ジャンルでいろいろありますね。

：例えば、AIの得意技に分類があるだろう。これを営業分野に使えば、顧客をカテゴライズして、それぞれに最適なセールス＆マーケティングを行えるんだ。

：非常に多くの顧客の声（状況やニーズ）を同時に聞き分ける現代の聖徳太子ってわけですね。

：AIの自然言語理解を使ったコンタクトセンター支援もあちこちで取り組まれているよ。

：まだ、完全に人の代わりはできないですが、24時間休みも交代もなく対応してくれる企業戦士ですね。

：同じくAIの得意なナレッジやマッチングを使えば、人事分野における採用支援にも応用できる。

：人事や人材関連にテクノロジーを活用する「HR Tech（HRテック）」が話題になっていますが、この分野もAIの活用が期待されていますね。

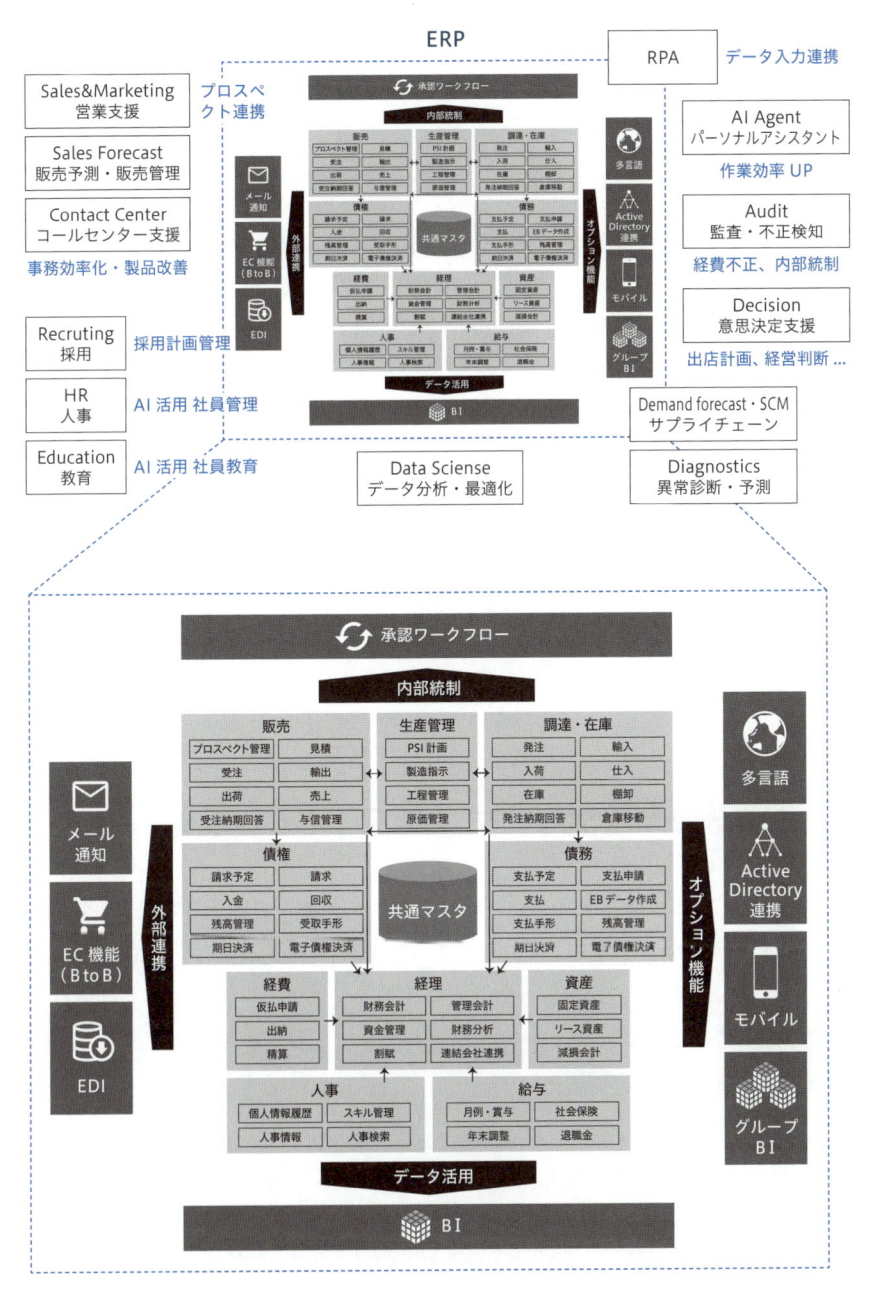

図15-4：ERPを取り巻くAI活用

：データ分析・最適化や需要予測（サプライチェーン最適化）などの分野は、天才社員の領域なのでまだまだ時間がかかりそうだけど、逆に実用化されたらメリットが非常に大きいなぁ。

：工場の中では異常診断や予知保全などの事例が多いですね。

：働き者のRPAを組み合わせて黙々とデータ入力をやってもらう事例も増えてきた。

：そうですね…。あれ、先輩、にやけた顔して何考えているんですか？

：いや、あの、AIのカテゴライズとマッチングを使って自分に合った女性群を抽出して、RPAを使って黙々とアプローチすれば、次々に彼女ができそうだって考えていたんだ。

：えええ…。先輩、いやらしい〜！

：ち、違うよ。あくまでもビジネスとして考えていただけ。僕はこう見えても一途な方だからね。

：え、私の顔になにか付いてますか？

ビジネスにAIを活用する分野と脅かされる職業

「**今後10〜20年程度で米国の総雇用者の47%の仕事が自動化される**」。Googleの猫認識の翌年の2013年9月に、オックスフォード大学のOsborne准教授が発表した "The future of employment" というこの論文は、世界中でセンセーションを巻き起こしました。日本でも、下記のようにさまざまなマスコミで取り上げられ、大きな話題になりました。

2014年11月8日：講談社の現代ビジネスの記事「オックスフォード大学が認定 あと10年で＜消える職業＞＜なくなる仕事＞」

2015年3月30日：日経ビジネスの特集記事「戦慄の人工知能」（有料記事）

2015年8月19日：週刊ダイヤモンド8/22号「機械に奪われそうな仕事ランキング」

こうした記事では、「AIに取って代わられる仕事を選ばない」「あなたの仕事は大丈夫か」という論調が多いですが、"AIをビジネスに活用する"というポジティブな視点で捉えると、どの分野が有望かが見えてきます。

ただし、ここに掲げられた職業を冷静に見ると、少し単純労働者（働き者、企業戦士）に偏っているように思います。また、その代替する技術もオートメーションの進化、RPA、ロボティクス、自動運転車のような従来イメージのものが中心です。

2013年の時点でこうした予想を提起したのは本当に素晴らしいことなのですが、さすがにその後の人工知能の急速な進化により、もっと高度な役割（熟練社員、聖徳太子、天才社員）を担うことまでは思い描けなかったかも知れません。

現時点の人工知能の実力と活用状況で見直せば、医療分野における診断、製造業における異常検知・予知保全、金融業における株取引、需要予測やサプライチェーン、法曹界における関連情報や判例の調査・整理など、医師や熟練検査員、株のトレーダー、弁護士や税理士、というような高給で高度な職業もここにリストアップされるでしょう。実際、上記の日経ビジネスの特集でも、"単純労働以外も消滅の危機"として、保険の査定担当者やクレジットアナリスト、会計士、監査人、臨床検査技師などの職業を掲げています。

* * *

本章では、人工知能の得意なこと不得意なことを理解した上で、人工知能にどのような役割を期待するかを考えてみました。ビジネスにAIを活用するアイデアは拡大し続けており、AI技術の進化とともに世界規模で次々と新しい発想や試みがなされています。そして、新しいAI活用が実用化できそうになったとたんに、その分野で働いていた人は今までとはちょっと違った役割で働く必要があります。AIに取って代わられそうな仕事にしがみつく代わりに、AIを使いこなすというマインドチェンジが大切だと思います。

第16章

AIのビジネス活用を業界別に状況把握する

ビジネスへのAIの活用を考える場合、「活用技術」のほかに「産業」という観点でも捉えておく必要があります。**図16-1**の2つの式に注目してください。1つ目の式は、第2部で学んだデータとアルゴリズムに関するもので、目的に合ったアルゴリズムを選び学習データを用意することを示しています。ここでは、それに2つ目の「活用技術 × 産業 ＝ 目的」という式を追加しています。これは同じAIの技術でも産業によって活用のしかたが多種多様である、ということを表しています。

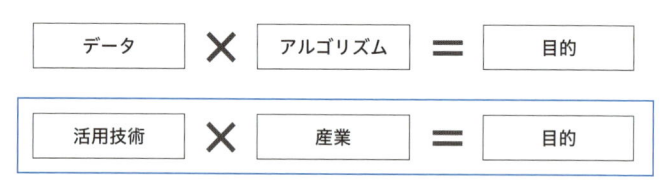

図16-1：産業によって活用のしかたが多種多様

　例えば、AIの得意分野として画像認識を使った異常検知・予知保全という技術があります。これを医療分野に使えば癌などの病気の発見になりますが、電力会社なら電線や鉄塔の異常検知、公共事業ならトンネルや橋、道路の異常、農業なら生育不良や不適合作物の検査、製造業なら製品の不良品チェックなどに応用されています。

　また、大量データの中から異質なデータを見つけ出すのもAIの得意分野です。こちらは、金融業ならクレジットカード不正利用の検知、一般企業なら経費の不正申請、不正取引の検知、小売業なら顧客のカテゴライズ化などに使われることになります。

産業別の人工知能活用状況

　日本でもさまざまな人工知能の活用事例が発表されていますが、やはりここはAI先進国である米国の活用状況をウォッチしてみましょう。いろいろ発表されているユーザー事例やベンダのソリューションを私なりに調べて、**図16-2**に整理してみました。

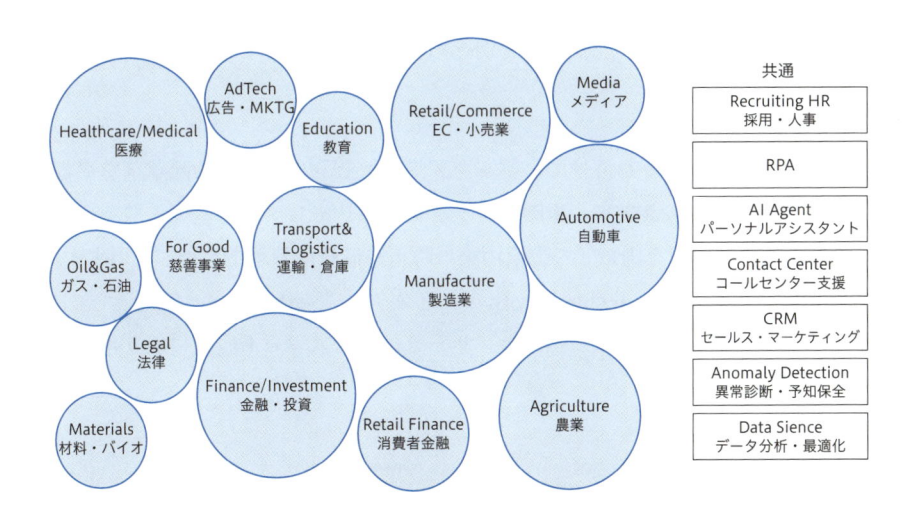

図16-2：産業別に見たAI活用状況（米国）

　円の大きさは活用度合を私の主観で表したもので、大きいものほど活用が進んでいると思ってください。また、右側に置いたソリューションは、業界に限らず共通的に使われている活用方法です。

　では、各産業における人工知能活用状況について、簡単に紹介していきましょう。

慈善事業（For Good）

慈善事業とはいかにも米国的ですね。企業が献金してさまざまな慈善事業を

行う文化がある米国では、野生動物保護のための調査、貧困層支援、児童虐待防止、ヒューマンネットワークの状況把握など、さまざまな慈善事業を行うグループがあり、その活動にAIが活用されています。

▎農業（Agriculture）

大規模農家が多い米国では、Smart AgricultureというネーミングでAIを使った農業支援が活発です。いくつか事例を紹介しましょう。

・トラクター搭載
車体の先端にカメラを付けて、雑草を認識してピンポイントに除草剤を噴霧するトラクターがあります。米国のコットン（綿）やレタス生産畑に数多く導入され、除草剤使用を削減して土壌汚染の防止や低農薬栽培を実現しています。**図16-3**は、Blue River Technology社のトラクター "See&Spray" です。コットン（綿）やレタス農家向けに画像センサーを付けたスマート農業に取り組んでいます。

図16-3：Blue River Technology社のトラクター

・空撮画像による生育状況認識
空中映像を使った生育状況監視も利用が広がっています。衛星画像やセスナ、ドローンを使って撮影した映像を高解像度画像処理して農産物の生育状況を把

握し、色で判別できる生育マップにより手入れが必要な場所をビジュアルに知らせてくれます。

・農業 IoT

IIoT（産業用IoT）の農業版、スマートアグリカルチャー（デジタル農業）の取り組みも活発化してきました。農地のあちこちに窒素や温度などを測定できるIoTセンサーを設置し、天候情報、窒素量、畑の健康状態などを監視したり、土壌分析や水質分析、スマホやPCを使った農業管理、農業ロボットなど、実に多様な用途でAIが使われています。

零細企業の多い日本の農業では、米国のようなスケールの大きい使い方はなかなかペイしないだろうと感じています。ただし、日本でも元エンジニアの小池誠さんが自作したAIできゅうりの等級を自動選別した事例や、農産物そのものではないですがキューピー社のダイスポテトの不良品検知などは有名です。この2つは2017年9月にサンフランシスコで行われたAI SUMMITでも紹介されていました。

NOTE 農業用ドローンの課題

2015年頃、無人ドローンによって撮影された画像により農作物の生育状況を把握する試みがあちこちで行われ、ドローンを飛ばすビジネスと受け取った画像を処理・分析するサービスの2つの分野で、いろいろなスタートアップ企業が注目されました。

基本的な仕組みは、無人ドローンに付けた赤外線センサーを使って、葉から反射された光の量をもとに**図16-4**のようなNDVI（Normalized Difference Vegetation Index：正規化差植生指数）マップというものを作り、生育不良の場所を特定して適切に

・マーブルックス社の航空写真による生育マップ

高解像度画像処理により生育マップを作成

図16-4：Mavrx社の生育マップ

対処するというものです。

　それから約3年経ちましたが、無人ドローンを使った農場監視はまだ本格的な実用段階になっていないようです。実は2015年くらいにドローン撮影AIでMavrx社という会社が脚光を浴びたのですが、今、ホームページを見るとパイロットが飛行機に乗って撮影する動画に変わっていました。

　無人ドローンには2つの課題があると言われています。1つはドローンのバッテリー寿命が限られているため、広大な農地をカバーするのが難しいということ。もう1つは無人ドローンの技術がまだ道半ばで、操縦士が付いていないと成果を上げるのが難しいことです。

　しかし、現在でも非常に多くのスタートアップ企業が研究開発を続けており、ドローンの低価格化、バッテリー寿命の長期化、自動運転技術の向上、センサーの進歩、画像処理と分析機能の発展などにより、そう遠くないうちに実用化されるように思います。

▌ 法曹界（Legal）

　リーガルもまた米国的ですね。訴訟社会である米国の弁護士は、2016年で130万人以上にもなり、3万8千人しかいない日本の約35倍もいるそうです。どうりで米国映画では法律モノがよく作られるわけです。

　米国では、毎年、膨大な訴訟事案が発生していますが、これらのデータはLexisNexis社やWestlaw社によってデータベース化されています。このビッグデータから事案に役立つ情報を検索して取り出すのに、人工知能の自然言語処理技術が使われ始めているのです。

　用途としては膨大なデータを検索・調査するKnowledge & Search系が主体です。リーガルデータは毎年どんどんと事案が積み上がりビッグデータとなっていますが、このデータからAIの自然言語処理技術を使って検索タグ付けを行い、役に立つ情報を取り出せるようにするわけです。　過去の訴訟データの探索、法律や契約の検索など、"六法を持ち歩いて調べる"だけの役割だった人はAIに取って代わられそうです。現在では、リーガル分析などもう一段高度な活用方法も取り組まれています。

ガス・石油業界（Oil&Gas）

　世界のエネルギー産業の上位企業がずらりとそろったガス・石油業界も米国が強い業界で、AIを活用した事例が多く発表されています。例えばエクソンモービル社は精製・科学工場の自動化システムに取り組んでおり、シェブロン社ではパイプコンプレッサー間の負荷調整や人的エラーの削減、機器の故障防止、油田の監視・異常予測など幅広い取り組みがなされています。また、コノコフィリップス社は気象情報や労働力、需要情報などのデータを分析して石油採掘計画策定や採掘作業効率にAIを活用しています。

医療・ヘルスケア（Medical/Healthcare）

　医療・ヘルスケアは、現在、最もAIの活用が進んでいる業界の1つで、その用途も多岐にわたっています。

・診断支援
　Dianostics（異常診断・予測）の医療分野適用として、CTやレントゲン、心臓MRI、超音波エコー、内視鏡などの画像による診断支援が次々と実用化されています。癌や病気を学習したAIが大量の画像の中から「これは癌かも？」と教えてくれることにより、人間の見落としが防止される時代がすぐそこに来ています。

・遠隔医療
　遠隔バイオセンサーを使って慢性疾患者の心拍数、血圧、酸素レベル、活動などの情報をモニタリングし、悪化する可能性の高い患者を発見して適切なケアを行う遠隔医療にも、AIが活用されつつあります。モニタリング情報をビッグデータ化して機械学習することで、どういうパターンになったら悪化する可能性が高いかを予測します。健康管理やリハビリためのリモート医療などを行うことで、発症してから入院という事態を未然に防ぐ予防医学へのAI適用が期待されています。

・創薬

米国では新薬開発にAIを活用する取り組みが活発で、エボラ出血熱に効く薬の候補を発見したり、新しい農薬を開発したり、アンチエイジングの研究がなされたりしています。従来の新薬開発研究が試行錯誤主体であったのに対し、AI創薬はCNN（畳み込みニューラルネットワーク）を使って様々な分子がどのように相互作用するのかを自己学習して、どの分子が病気や害虫防除に効果を持つ可能性があるかを発見します。

日本でもこうした創薬AIに取り組もうということで、2016年12月に製薬会社やIT企業、大学などを中心とした産官学連携の創薬AI連合「ライフ・インテリジェントコンソーシアム（LINC）」が発足しています。

・ゲノミクス研究

アンジェリーナ・ジョリーさんが癌を予防するために、健康な卵巣・卵管および両乳房を切除したというニュースには驚いた人が多かったと思います。癌のうち5〜10%は遺伝性であることがわかってきており、ジョリーさんもその遺伝子を受け継いでいることから決断したとのことですが、自分だったらとてもできない決断だと思いました。

このように、遺伝による病気発症を未然に防ごうと、現在、世界中でゲノム（DNAのすべての遺伝子情報）の研究が盛んに行われています。ゲノムに関する表現型データや臨床データをビッグデータとして蓄積し、AIを使った遺伝子分析を行う取り組みです。こうした取り組みは予防医学です。医者に診断されてから治療を始めるモデルではなく、癌やその他の疾病リスクを予測して未然に防ぎ、人間の寿命を伸ばすことを目標としています。

麻里ちゃんのAI奮闘記

スマホがビッグデータの鍵となる時代

：先輩、なに見入っているんですか。また、いやらしいやつでしょう？

：なに言ってんの、超音波画像診断（エコー）をiPhoneで見ていただけだよ。

：え、先輩。つ、ついに子供できたんですか？

：ば、ばかな。iPhoneにセンサー付けるだけでエコーが取れるツールを見つけたんで、そのデモ見ていただけだよ。ほらっ、このButterfly Network社のデバイス見てよ（**図16-5**）。

：あ、ほんとだ。へぇ～、これまでエコーはすっごい装置で高そうだったけど、これならかかりつけのお医者さんや個人でも簡単にエコー診断できそうですね。

：うん。スマホでエコーって、本当にすごい。普及するといいなぁ。

：これもAIを使っているのですか？

：エコーを写すまではAIは使っていないかな。でも、このスマホで取得した画像データをクラウドに集めて、そのビッグデータをベースにAIを活用した臨床診断がされるようになるみたい。これが普及してクラウドにビッグデータが取れるようになったら、AIによる病理診断などができると思うよ。

：たしかに、スマホを端末にするだけで膨大なデータを集めることができそうですね。

：麻里ちゃんが妊娠するころには一般家庭に普及していて、利用するかもね。

：え！…先輩、いつ頃をイメージして言ってますか？

：そ、それは…だなぁ～（顔を赤らめる）。ねぇ～、いつ頃なんだろうねぇ。

：なんで先輩が赤くなって私を見るんですか。赤くなるのは私ですよ、まったくう…。

図16-5：Butterfly Network社の
iPhoneエコー端末

製造業（Manufacture）

製造業へのAI適用は日本でも多くの企業で取り組まれています。

・製品検査

　最も代表的なものは、製品不良を発見するAnomaly Detection（異常検知）です。カメラの映像をインプット情報として、オブジェクト検知と異常検知にAIを利用しており、画像だけじゃなくサイズや圧力、温度などのセンサー情報も組み合わせて判定に利用している事例も増えてきました。

　例えば、**図16-6**はBoulder Imaging社の品質検査AIが、建築部材の不具合を発見している画面です。このようにマークを付けることで人間が確認しやすくなり、人間がAI診断と異なる判断をした場合はそれをアクティブラーニングとして追加学習させます。

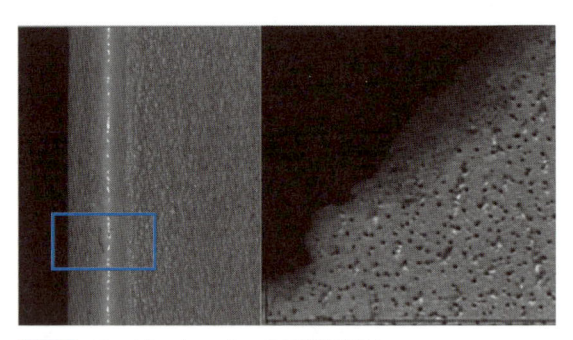

図16-6：Boulder Imagingの品質検査AI

・予知保全

　製品ではなく、設備の異常を予測する予知保全でもAIが活用されています。振動や音などのセンサー情報をもとに、"通常と違う状態"を検知して、このまま続けたら異常をきたすことを予測してアラートする仕組みです。

・デジタル製造プラットフォーム

工場全体の生産性向上、品質向上を図るデジタル製造において、IoTとAIを組み合わせて活用する取り組みも盛んに行われています。エッジソフトウェア、データ管理、分析、セキュリティ、位置情報、モバイル、アプリケーション管理、オペレーションなどIIoT実現に必要なサービスをAPIで用意し、機械やテスト機器から入手するデータストリームを分析して、監視、異常診断、故障予測および制御を行うために、AIが活用されています。

・サプライチェーン最適化

　B to Cの需要予測に比べて難易度は高く、実用化にはまだ時間はかかりそうですが、分析・予測にAIを活用したサプライチェーンの最適化も多くの企業が取り組んでいます。BOM（部品表）の最適化、サプライヤーの価格予測、生産計画の最適化、サプライチェーンリスク削減、生産および在庫レベルの最適化など、調達や分析、需要予測改善などにAIを活用する動きが盛んです。

▎EC・小売業（Retail/Commerce）

　インターネットでモノを買う時代になり、レコメンデーションや接客ロボ、マーケティングオートメーションなどデジタル情報を活用するセールス＆マーケティングが重視されています。これらの分野にも続々とAIが活用されてきています。

・レコメンド

　最も実用化が進んでいるのが、ECサイトなどでおなじみのレコメンドです。これまでにもさまざまなレコメンデーションツールがしのぎを削ってきましたが、ここでもAIを使ったレコメンデーションエンジンが急速に台頭してきています。従来の技術であるルールベースではなく、購買情報をもとにAIが相関関係を分析し、個々のユーザーに案内すべきページをレコメンドするスタイルです。

・コンタクトセンター支援

　ユーザーからの問い合わせ対応やサポートへのAIの活用も、非常に幅広く取り組まれています。テキストベースのやり取りのものだけでなく、電話対応に音声分析や感情分析、顧客認識、通話録音などによってコンタクトセンターを支援するAIです。日本でもコンタクトセンター（コールセンター）の顧客対応にAIを活用した事例は数多くあります。

・PR分析

　「広告にどれくらいの効果があるか」というPRの投資対効果は、小売業にとって永遠のテーマです。蓄積したビッグデータの分析や取るべき行動の選択など、

PR分析にもAIが使われるようになってきました。

　例えば、あるAIはブランドイメージを高めるために、消費者に伝えるメッセージを洗練させるべく主要キーワードに関するトレンドやトピックスを調査し、メディアやインフルエンサーのリストを作成してブランドにふさわしいライターをピックアップします。

　また、別のAIでは、Webクローラにより自社のニュースがどのように取り上げられているかを監視したり、競合他社との比較データを把握したりします。さらに、キャンペーン効果を測定し、どのキーメッセージが共鳴しているかを分析するAIもあります。

・カスタマージャーニー分析

　顧客が商品やサービスを知り、最終的に購買するまでの行動をプロセス化すると、**図16-7**のように、「気付く」→「興味を持つ」→「評価する」→「決断する」→「キープする」というような流れになります。こうした行動を旅行にたとえて「カスタマージャーニー」と呼び、個々のプロセスに焦点を当てたマーケティングとその効果測定が行われています。

図16-7：カスタマージャーニー

　カスタマージャーニーの基本は、クラスタリング技術を使った顧客の分類（パーソナライズ化）です。購買履歴やコンタクト履歴をAIが分析して、顧客がどの段階にいて、どのようなマーケティングが効果的か、実際効果がどうだったのか、などを支援するサービスが提供されます。さらに最近では、コンバージョ

ン（最終的に購入してくれる）の最適化にAIを活用しようという取り組みがなされています。

・マーケティングオートメーション

マーケティングオートメーション（MA）とは、企業がOne to Oneマーケティングを行う際に発生するさまざまな作業を効率化するための「マーケティング自動化・効率化」を表す言葉です。既に非常に多くのMAツールが出回っており、当社でも「Hubspot」という製品を利用しています。

このマーケティングオートメーションにも、下記のような用途でAIが活用されつつあります。

- これまでルールベースで発信していたメールを、AIで顧客動向を予測して自動化
- 顧客の行動や親和性などAIで顧客を分析して行動を予測
- AIを使ってビジターや顧客のリードスコアリングを行い、広告・キャンペーンを最適化

・インサイドセールス

インサイドセールスとは内勤型営業のことで、外回り主体の外勤型営業（フィールドセールス）に対比する言葉です。「営業は足で稼げ」とよく言われて、社内に営業スタッフがいると嫌味を言われる時代は過去のこと。最近は、営業活動の効率化が重視され、データ重視のインサイドセールスが注目されています。

最近、このインサイドセールスを支援するツールにも、優先付け（分類・クラスタリング）や販売予測（回帰）などにAIが組み込まれ始めています。

これらのツールは、いろいろなCRMと同期して、リード（見込み客）とアカウント（顧客）の優先順位付けと管理を行います。

また、過去の販売データをベースに予測分析を行い、リスクを特定して販売判断をサポートするような機能もあります。

B to Bセールス＆マーケティング
（B2B Sales&Marketing）

　B to Bにおいても、マーケティング支援や営業支援、案件管理、販売予測、契約分析などさまざまな分野でAIが活用されつつあります。現在および過去の膨大な案件データを管理し、聖徳太子ならぬ人工知能がその中からケアすべき案件を通知してくれたり、ホームページから資料をダウンロードした顧客に対して、営業アシスタントならぬAIがまるで人間のようにフォローメールを送るようなクラウドツールが続々と登場しています。

・アシスタントAI

　米国では、企業内にAIアシスタントを置き、会議のアレンジやスケジュール調整、チケット手配などの社内業務をサポートする事例が盛んです。例えば4人で会議をしたいと考えた場合、AIアシスタントにその旨依頼するだけで、アシスタントが4人のスケジュールをチェックして空いている候補日を選び、4人に対してその日でいいか確認を取った上で、会議室を抑えてスケジュール登録までやってくれます。そして、当日の朝に各人に対して「今日は◎◎の会議があります」とリマインドをしてくれるわけです。企業にグループウェアが普及したように、1社に1台AIアシスタントが置かれる時代も遠からず来そうですね。

　そして、その顧客対応版として、AIを活用したバーチャル営業アシスタントも登場しています。Webサイトからの問い合わせや資料をダウンロードした見込み客とのやり取りを通じて、AIが自社商品やサービスに対する興味度合いを判断し、適切に対応して後方の営業担当に引き継いだりするのです。

　また、調達側の支援にもアシスタントが使われてきています。発注をかけるのに予算枠の残を尋ねたり、上司の承認を取り付けたり、発注データを作ったりする作業を、会話形式でAIに依頼して処理します。

・パイプライン

B to C がカスタマージャーニーなら、B to B はパイプラインです。パイプラインとは、営業のクロージングまでの道のりを、接触⇒初回訪問⇒ヒアリング⇒提案⇒見積もり⇒受注という一連のプロセス（パイプライン）に分けて、各プロセスにおける件数や金額をグラフ化して売上計画を予測する分析技術です。このパイプラインの予測にも AI が活用されつつあります。

・予測管理（Forecast Management）

どの会社も個々の案件の成約見込みと月次や四半期の業績見込みを管理しています。多くの会社がこの案件見込みを Excel などのスプレッドシートを使って管理していますが、アビソ社は "スプレッドシートを捨ててツールを使おう" という謳い文句で CRM と連携する AI 駆動型予測ツールを提供しています。

営業・マーケティング支援の分野においては、人工知能で全く新しいサービスが生まれるというよりも、従来からあるツールやプラットフォームに AI 要素を一部加えて、"AI 駆動" を謳うものが多いようです。見込み客をカスタマージャーニーやパイプラインごとに分類する、購買嗜好を分類してレコメンドするなど、教師なし学習のクラスタリング技術が光る分野でもあります。

＊　＊　＊

新しい技術が普及する際は、まず、ベンダ側がソリューションを生み出して、その後いろいろなユーザー企業（アーリーアダプター）で導入事例が公表され、その中から真の成功事例が出てきて、その裾野が一般企業に広がっていきます。

分野によって実用化のレベルはまちまちですが、いろいろな業界での導入・活用状況を見るうちに、人工知能がどのような用途で役に立ちそうかイメージが湧いてくると思います。AI 先進国と言われている米国も、まだ本格的な実用化には時間がかかりそうなものが多い印象です。日本もアプリケーション分野ではユーザー企業を中心に取り組んでいて、十分追い付くチャンスはあります。頑張っていきましょう！

第17章

RPA(Robotic Process Automation)

Robotic Process Automation、RPA という言葉は、2012 年に RPA の老舗 Blue Prism 社が提唱したと言われています。この言葉が知られるようになるにつれ、操作を記録（登録）して定型業務をひたすら繰り返す自動化ソフトが我も我もと RPA を名乗り、さまざまな製品が群雄割拠するようになりました。日本でも 2017 年頃に急速に RPA が知れ渡り、多くの製品が出回るようになると同時に進化の速度が速まりました。RPA は厳密に言うと、自立型 AI の "機械学習モノ" ではなく、人間が教えた通りに実行する "ロジックモノ" なのですが、関心が非常に高まっているので本章で取り上げることにしました。

RPA の仕組み

　RPA は、「人間が設定した手順通りに操作する "端末操作ロボット"」です。ロボットと言っても形があるわけではなく、あくまでもソフトウェアの機能として図17-1のような処理を行います。

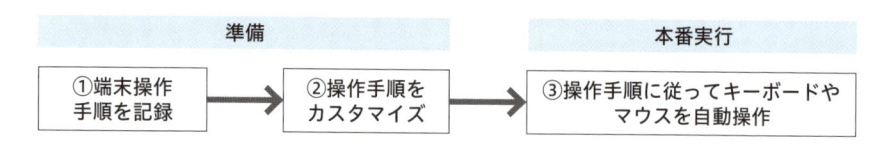

図17-1：RPA の処理手順

①端末操作手順を記録
　ビデオの "録画モード" と同じように、RPA を "記録" モードにしてから端末を操作すると、カーソルやマウスの動きと位置（座標）が忠実に記録されます。

ただし、RPAによってはこうした記録機能がなく、人間がイチから処理フローを組み立てるタイプもあります。

②操作手順をカスタマイズ

記録した操作手順を画面表示して確認し、必要に応じて条件分岐を付け加えたり、エラー発生時の処理を加えたりして処理フロー（シナリオ）を作成します。「ファイルを開く」や「タブを切り替える」「メールを受信する」など、よく利用する操作に関しては、その操作に特化したライブラリが用意されています。こうしたライブラリを自分で作成・追加できるタイプもあります。

RPAによって処理フローの作成方法は異なります。現場部門で手軽に操作を仕込めるようにリスト（Script）形式で作るものもあれば、もっとビジュアルにマウス操作でフローチャートを作成するタイプもあります。一方でJavaやC#、Rubyなどでプログラミングして処理フローを作成するRPAもあり、こちらは複雑な処理もきちんと組み込める柔軟性がメリットです。

③操作手順に従ってキーボードやマウスを自動操作

設定した処理フローに従って、キーボードやマウスを自動操作します。例えば、あるフォルダに入っているExcelファイルを開き、データを1行ずつ読み出してERPの画面に入力してゆく作業があるとします。その手順を設定しておけば、フォルダにExcelファイルが100個あり、さらにそれぞれのファイルにデータが1000行あっても、RPAは黙々とその作業を繰り返して十万件のデータを画面に入力し続けます。 ただし、処理速度はそれほど速くないので、それなりの時間を要します。

また、単純に記録した処理を繰り返すだけでは同じファイルを何度も入力してしまいます。そのため、例えば次のようなFor Loop的な繰り返し処理フローを作成して、きちんと目的の業務が遂行できるようにする必要があります。

フォルダを開く
　　Excelファイルを開く
　　　　1行目のデータを読む

　　　　データをチェックする
　　　　処理する
　　　　次の行のデータを読む
　　　次のExcelファイルを開く
フォルダを閉じる
処理結果を通知する

　定型処理はライブラリ化されていて、1行で記述できるようになってきています。

▋ RPAに必要な機能

（1）操作手順の記憶・設定

　RPAは人間の操作を黙々となぞるものです。そのためレコーディングモードにして人間の操作を記録し、それを編集する機能が付いています。通常、単純になぞるだけでは済まず、条件分岐を付け加えたり、操作を追加・削除したりする必要があります。この設定作業をいかに素人がパパっとできるかがRPA普及の大きなカギとなります。RPAに何か作業をやらせるのに、その準備に膨大な時間がかかったり、設定を覚えるのが大変だったりするのでは、労力の削減になりません。そのため最近のRPAの設定・編集は、ビジュアルでノンプログラミングのタイプが主流となりつつあります。

（2）文字認識（OCR）

　Excelのような定形フォーマットのデータではなく、FAXで送られてきた注文書だったり、紙の伝票だったりする場合はどうでしょうか。この場合は、それらをOCR（光学式文字認識）でデータ化してから読み取って入力することになります。

　実はRPAはこうした紙の処理への期待が大きく、OCR機能を内蔵しているタイプも多くあります。その際に注目されているのが手書き文字認識AIです。AI技術を使うことで、最近は日本語でもまずまずの認識率を達成しており、

今なお進化し続けています。

　最近はデータで送受信することが多いので、OCRだけでなくEAI（Enterprise Application Integration）ツールと連携する事案が増えています。

（3）座標認識

　人間がマウスを目的の項目に移動できるのは、画面上のどこに何の入力項目があり、どこにどんなボタンがあるか見えているからです。では、RPAはどうやってそれを認識しているのでしょうか。

　1つは座標情報を記録する方法です。対象のブラウザやWindow画面を指定した上で画面上のコントロールの位置情報（座標）を記録し、その座標情報を頼りにマウスを動かしていきます。メインフレームのような画面向けにエミュレーションモードを持つタイプもあります。

（4）画像認識

　座標情報だけではかなり制約があります。解像度が異なっていたり、文字サイズを変更したりするだけで、すぐにRPAは行き詰ってしまいます。また、メッセージが出てその分位置がずれたり、文字が折り返して複数行になったりするだけで、目指すコントロールができなくなります。

　この問題を補完するのが画像認識です。テキストボックスやボタンなど、操作対象のコントロール付近の画像をキャプチャして位置情報と一緒にRPAへ登録し、操作実行時に記録したイメージと画面のイメージを照合して操作対象を特定します。　イメージは予め設定した一定範囲を自動取得するほか、手動で範囲を指定できるものもあります。

（5）画面要素認識

　操作対象の画面がIEなどのブラウザであれば、HTMLの情報を読み取ってコントロールごとに付けられたIDとコントロールの種類（テキストボックスやボタンなど）を認識できます。位置情報と画像情報に加えてIDとコントロール種別も情報として持つので、より認識精度を高めることができます。

(6) ファイル構造認識

　操作対象がExcelであればファイル名やシート名、セルで対象データを特定できるので扱い易いです。CSVでもファイル名や行番号、カンマ区切りの何番目かで特定できます。

　RPAは、操作対象に応じて上記の認識技術を組み合わせて認識します。対象がメインフレームならエミュレータによる座標認識のみですが、それ以外なら座標認識と画像認識を併用できます。さらにブラウザであれば画面要素認識も付け加えられるわけです。

　複数の認識技術を組み合わせると、ウィルスソフトやチャットbotの通知ポップアップにも対応でき、表形式でデータ表示がされていても、「これは表だ」と正しく認識してきちんと値を読み取れます。

(7) メール連携機能

　FAXで送られてきた注文書を読み取ったり、EAIで送られてきたデータを読み取るという手段以外にもメールに添付されてきたファイルを読み取って入力の元データとするニーズも増えてきました。また、RPAが人間に代わってメールを送るという作業を行うこともあります。そのため、最近のRPAではメールやビジネスチャットと連携する仕組みを持つものも増えてきました。

(8) スケジュール実行

　RPAは自動操作です。"自動"と付くからには、決まった時間にファイルを読みに行ったり、メールを送ったりというスケジュール設定機能が必要となります。

RPAの利用用途

　RPAは、ホワイトカラーの業務を代行するデジタルレイバー（Digital Laber）として期待されています。実際、一度使ってみるといろいろな応用方法が頭に浮かびます。反面、使ってみないとなかなか使い方がイメージできないようです。RPAがどのような業務で有効なのか、ここでは4つの利用パター

　当社では、AIの画像認識技術を利用して画面デザインを解析するツール「AISIA Design Recognition」を作成しました。画面キャプチャを読み取って、画面上の個々のコントロールをオブジェクトとして検知し、コントロールの種類（テキストボックスやラベル、ボタンなど）とコントロール座標を認識し、さらにAI-OCR機能を使って、画面上の文字を読み取る仕組みです。

　図17-2は、認識後の画面です。オレンジがテキストボックス、ブルーがラベル、グリーンがボタン、イエローがチェックボックスというように、個々のコントロールの種別を判定して色分けしています。　元々はアプリケーション設計書の逆生成という全く違う目的で作成したツールですが、このようなAI技術を使えばコントロール単位でイメージと座標を認識できるので、RPAのロバスト性向上に役立つなと思っています。

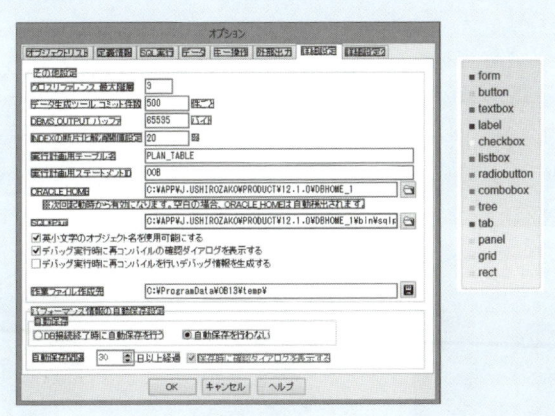

　図17-2：画面デザインを認識する「AISIA Design Recognition」

ンを紹介します。

（1）データの入力作業

　データの入力作業にRPAを使う場合は、「大量」で「多品種」な「単純作業」がキーワードになります。例えば、RPAの導入事例としてよく紹介される日本生命保険は、2014年にRPA「日生 ロボ美」を導入して社内のさまざまな入力業務に提供しています。担当業務は金融機関窓口販売商品の手続きなどで、

新規申込や保存手続き、支払いなどの事務処理を年間15万件も処理しています。紙の申込書の記載内容を基幹業務システムに入力するような単純作業をRPAに置き換えることで、業務効率化に成功しているとのことです。

こうした社内の入力作業をRPAに置き換える動きは、三菱UFJ銀行やオリックスなど多くの企業で実施され、着実に効果を上げているようです。

RPAは、コンピュータによる自動処理と手入力の中間に位置します（**図17-3**）。普通に考えれば、前述の例に掲げたExcelデータの入力作業が日常的に発生するなら、データ取り込みプログラムを作って自動処理した方が手っ取り早いと言えます。しかし、現実的にはシステム部門のバックログは積み上がっており、システム化が間に合っていない業務は社内にごろごろしています。

また、キーワードに「多品種」と書きましたが、ビジネスは常に変革しており、業務処理も次々と変化していきます。そうした変更をいちいちシステム部門に依頼していては、ビジネスのスピードについていけなくなります。そんな状況において、“現場部門で”迅速に処理を覚えさせられるRPAは、これからの多くの企業の業務効率化、ホワイトカラーの生産性向上に役立つ“現実解”だと言えます。

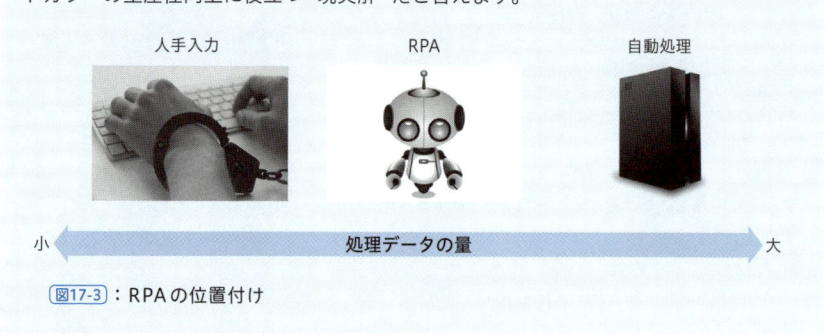

| 人手入力 | RPA | 自動処理 |

小 ← 処理データの量 → 大

図17-3 ： RPAの位置付け

(2) 複数のシステムにまたがる業務処理

情報システムによる業務自動化が完璧に行われている企業はありません。同一システム内ならある程度データ連携ができていますが、複数のシステムを導入している場合はシステム間のデータ連携が不十分で、人手で補っているケースがままあります。RPAは、このような情報処理自動化の隙間を埋める役割

を果たします。この場合のキーワードは「煩雑な作業」を「定期的」に「ミスなく」行うというものです。

　例えば、中途社員を採用して人事システムに社員情報を追加し、その情報を基幹業務システムや他のシステムの社員マスタにも登録するとしましょう。こうした複数システムにまたがるデータ処理は、なかなかシステム化が行き届いてなくて、人手に頼ることが多いわけですが、RPAにやらせれば、手間が省けると同時に入力を忘れることも防げます。

　こうした複数システム連携は社内のシステムだけとは限りません。例えばネットショッピングを行っている会社は、自社のECサイトだけでなく楽天やYahoo、Amazonなど複数サイトでも販売していることがよくあります。そうした場合にそれぞれのサイトにログインして商品を登録したり、在庫情報を入力したりする必要がありますが、これをRPAに行わせれば作業を軽減できます。また、それぞれのサイトから流れてくる注文データを処理する作業も、サイトごとの手順をRPAに覚えさせて自動化できます。

(3) システムから Excel ファイルを作成する業務処理

　経営会議や販売会議などの定例会議ではExcelベースの資料で報告が行われています。本来はBIなどを使って自動的にデータが収集・加工され、グラフや表が画面に映し出されるのが理想なのですが、現実はなかなかそこまでいかなくて、人があちこちのシステムからデータをかき集めてExcelに転記して資料を作成しています。

　また、システム業界でも全社的見地から社内のプロジェクトを監視しているPMO（Project Management Office）が、いろいろなプロジェクトの進捗状況をチェックしてレポートにまとめ、経営層に報告しているようなケースがよくあります。

　RPAは、こうしたExcel報告書の作成も得意です。Excelは行と列で特定されるセルに値があり、ボタンの代わりにメニューのコマンドで操作できるため、特に構造解析などの必要はありません。「どのシステムのどこを見て、その値をExcelのココに転記する」といった作業を覚え込ませることにより、人手を介した作業を削減できるとともに転記ミスを防止できます。

(4) 複数 Web サイトからの情報収集

　競争社会で勝つために、競合会社の動向をウォッチするのはビジネスの基本です。例えば、小売業でも他社の価格を調べ、それよりも少しだけ安く値段を設定するようなことはよくありますが、こうした作業も RPA にやらせることで効率化できます。

　この場合のキーワードは、「煩雑な作業」を「常時」行うというものです。例えば、ライバル企業の URL を 10 社分登録しておき、次のような手順でライバル店より安い価格を決めるのです。

①1社目の URL を見にゆく
　・商品検索欄に商品型番を入れて「検索」を押す
　・検索結果から商品価格を読み取り、Excel に記録する

②2社目の URL を見にゆく
　・商品検索欄に商品型番を入れて「検索」を押す
　・検索結果から商品価格を読み取り、Excel に記録する
（以下繰り返し）
　　　　…

　価格.com のような比較サイトで「他社より1円でも安く」としのぎを削っているケースでも、大量の商品の価格を時々刻々とチェックするのは大変なので、RPA が役立ちます。また、価格以外でも複数サイトの口コミ情報を RPA が巡回ウォッチし、自社ブランド・製品に関係するツイートを拾って記録するなど SNS 情報収集にも利用できます。このように、RPA はこれまで人間が何気なくやっていた煩雑な作業を肩代わりしてくれる可能性が大きいので、非常に注目されているのです。

▌ RPA の3つのクラス

　冒頭で RPA は "機械学習モノ" ではなく "ロジックモノ" だと書きましたが、

RPAにAI要素を取り入れてより賢いRPAを目指す取り組みがなされています。そうした観点からRPAは**図17-4**のように3つのクラスに分けられています。

　現在主流のRPAは、ルールベースで動作するクラス1です。画面操作手順を記憶して、ワークフローで設定した通りを忠実に実行します。クラス2とクラス3は、機械学習による自立型AIの要素が入ります。この2つの差は明確に定義されていないのですが、クラス3が人間のようなAI（一般に強いAIと呼ばれているもの）で、クラス2は先ほど紹介した構造認識AIのような、特定の処理においてAIを取り入れるレベルと捉えておけば良いでしょう。

クラス 3 Cognitive Process Automation	自然言語を理解し、データを機械学習して人間のように自己判断で処理する
クラス 2 Enhanced Process Automation	非構造化データを機械学習して処理でき、知識ベースで動作する
クラス 1 Robotic Process Automation	ルールベースエンジン。画面操作を記憶し、ワークフロー機能を持つ

図17-4 ：RPAの3つのクラス

RPAの弱点

　RPAの弱点は「ロバスト性」です。ロバスト性とは、外乱の影響があったときでも持続できる対応力のことで、車に例えればサーキットに最適化したF1カーより、悪路でも走れるSUVの方がロバスト性は強いと言えます。

　RPAは決められたことを忠実に再現しますが、画面に通知メッセージが表示されたり、処理するデータに想定外のものが入っていたりすると、すぐにエラーで止まってしまいます。そして、セットした夜間処理が全く行われなかったのを知らずに出社して、ガーンとショックを受けるわけです。

　どのようなエラーでストップするのか、あらゆる想定を立ててエラーを検知する仕組みを設定するのはかなり大変です。例えば、ウィルスソフトの通知ポップアップでエラーになった場合は、一定時間後に通知が消えるのを待ってもう一度処理するか、消えないポップアップなら閉じる操作を行わせなければなり

ません。

　データに不備があって入力が完了せず、画面上にエラーメッセージが出ている場合はどうでしょうか。こんな簡単なケースでも、実はRPAに「エラーが出ていますよ」と教えるのは意外と難しいものです。メッセージ表示エリアにエラーメッセージ（ラベルコントロール）が表示されていたら、エラーと判定してそのデータはスキップするなどのエラー処理を記述することになります。

　また、画面上の1項目ずつを入力するとき、人間は無意識に相手（コントロール）が反応したかを目視しながら次の項目の入力に移るのですが、RPAは（今のところ）このような認識ができません。そこで1項目ずつタイマーで遅延させて、（たぶん）反応しただろうというタイミングで次の入力に移るよう対処するケースもあります。

　最初にすべての想定を設定できれば一番良いのですが、通常は何度も痛い思いをしながら、少しずつ例外処理対応を付け加えてロバスト性を高めてゆきます。過去のエラーを学習してロバスト性を高める、そんなAIも欲しいところです。

RPA製品の違い

　もともとRPAという言葉を使い始めたのはイギリスのBlue Prism社ですが、今では海外および国内から非常に多くのRPA製品が出ています。急速に市場が広がっているため、まだ発展途上の面もありますが、製品をチェックする上のポイントをいくつか説明します。

(1)RPA の基本機能

　一般にRPAに必要とされる基本的な機能は次の通りです。RPAを選定する際は、これらの機能がどのように実装されているかを確認する必要があります。

- ・キーボードやマウスの操作を記憶する
- ・画面上の表示文字や画像情報を取り込める
- ・ワークフロー（処理手順）を作成・カスタマイズできる
- ・ワークフローに従ってキーボードやマウスを自動化できる

- エラー処理やログ記録機能を持つ
- データをもとに分析できる
- メールやEAIなど外部と連携できる

(2) サーバー型とクライアント型とクラウド型

RPAには、ソフトをクライアント端末にインストールする「スタンドアロー
ン」または「クライアント／サーバー型」と、サーバーにインストールする「サー
バー型」、そしてクラウドでサービスを提供する「クラウド型」があります。

(3)Web と Windows

製品の生い立ちにより、Webに強いタイプとWindowsに強いタイプがあり
ます。最終的には、両方とも「どんとこい」になるでしょうが、現状はまだ得
意不得意が見られる製品があります。

(4) 記録機能

人間の操作を自動記録して処理フローの初期設定を行えるタイプと、記録機
能がないタイプがあります。もちろん、記録機能のある方がずっと初期設定を
しやすいのですが、実際には記録した通りになぞるだけではやりたい処理は行
えません。繰り返しや分岐、例外処理などのフローをどこまで実務を想定して
わかりやすく設定できるかが重要なポイントとなります。

(5) フロー設定

処理フローをScript（リスト形式）で記述するタイプ、マウス操作でフロー
チャートを作成するタイプ、プログラミング言語で記述してゆくタイプがあり
ます。新しい作業や作業の変更などに柔軟に対応するためには、できるだけ現
場で簡単にフローを作成・変更できる必要があります。その際に重要なのが、
実際の作業に即したライブラリの充実度です。ライブラリをユーザーが作成・
追加できる仕組みも備えているタイプであれば、利用しながら自社に合った処
理を追加できます。

RPA導入で失敗するケース

：RPAを導入している企業が増えているけど、うまくいっていないケースもあるみたいですね。

：うん、RPAはまだ発展途上中だから、デモだけ見て「すごい」って思っても実用でつまずくことも多いんだ。

：失敗するのはどんなケースですか？

：まずは、業務のフローやルールがあいまいなままRPAにやらせようとするケースかな。

：人に作業を頼むときだって、やり方や規則を整理してからじゃないと無理ですものね。

：それと、野良RPAの増加かな。運用ルールを明確にしないで各部門ばらばらでRPAを導入しようとすると、野良RPAが増えて収拾つかなくなるんだ。

：各部主導で導入するとしても、導入推進や監視するような統括部門が必要だってことですね。

：うん、コンプライアンスの問題も注意する必要があるから、現段階では野放しってのはうまくいかないケースが多いんだ。

：じゃあ、統括部門に依頼して設定してもらう方がいいのかしら。ノウハウの面でも1ヶ所に集中できるし。

：うん、そのスタイルを取っている会社もあるね。でも、依頼する部門がノウハウを持っていないと、あまり効率的でない作業にRPAを使おうとしたり、手順を明確にしないまま依頼してしまったりしてロスが大きくなりがちというマイナスもあるんだ。

：うちの会社はどうしたんですか？

：まず、システム室をRPA統括部門にして、全社横断的なRPA導入プロジェクトチームを結成した。

：各部から1名ずつ担当が参加したんですね。

：で、RPAの基本的なことをレクチャーした上で、RPAにやってもらいたい業務を各部で洗い出したんだ。

：部門の業務は、部門しかわかりませんものね。

：うん。そして洗い出した業務に優先順位を付けて、優先順位の高いものからRPAの設定を行ったんだ。

：設定は各部門で行ったのですか？

：最初は統括部門が行ったんだけど、その際に部門の担当者も一緒に行ってノウハウを覚えてもらって、それ以降は部門で設定してゆく方針にした。

：RPAをノンプログラミングで簡単に設定できないと、部門ではきついですね。

：野良RPAを増やさないように、各部で設定したRPAの情報を共有して、どんなケースにうまく行くか、どれくらい効果があったか、どんな課題にぶつかってどう解決したか、などを教え合いながら推進しているってとこかな。

：あ、私もいい案考えました♪

：え、なになに？いい案なら採用するよ。

：各RPAに、モモちゃんとかレナちゃんとか名前を付けるの。そうすると先輩みたいな人は愛着が湧くから、RPAの活用が進むこと間違いなしですよ。

：う〜ん、それはちょっとなぁ…。（と言いつつ、実はもうマリちゃんて名前付けているのは内緒にしなくっちゃ…）

RPAの今後

RPAは急速に世の中に広まりつつあり、さまざまな製品がわっと現れ、またそれぞれの製品が進化し始めており、発展途上です。利用料金もまだ割高で、ユーザーの導入事例がニュースになったりしているわけですが、こうしたことは黎明期にありがちな現象です。いずれは、各製品ともコモディティ化して似たような機能に収束してゆき、価格も大幅に下がってゆくものと思われます。

みなさんはExcelの価値をどう思いますか。企業の業務に欠かせない便利なツールの価値を先入観なしで考えてみると、数百万円と言われても導入するだけの価値はあります。

そしてRPAはExcelのようなものとも考えられます。特定の目的のために導入するものではなく、どの企業にも装備され、利用できそうな作業があったときにパッと設定して使うというツールになるかも知れません。そういう意味からも、ERPやSFAのようなソフトではなく、Office365のようなユーティリティ的なソフトの1つとして提供されることになると一人で予想しています。

*　　*　　*

最近、当社で行っているERPビジネスにおいて、ユーザーから「RPAも何か提案お願いします」と言われるケースが増えています。実は、当社自身も業務効率化のために「伝票の入力」や「システムをまたがるデータ登録」「データを取り出してExcelを作成」など本章で紹介した利用用途のうち3つの作業をRPAにやらせているのですが、そこで分かった良いこと悪いことをお伝えして、どんな業務に優先して使うべきかアドバイスしています。印象としては次のようなところでしょうか。

- 前準備（操作を覚えさせる作業）は思ったよりも大変ではない
- 途中で止まったりすることもそんなに多くはない
- やりやすい単純作業もあるが、向いていない複雑な操作が多い
- 単純かつ大量の作業は、（当社のような）中小企業ではそんなに多くない

これからますます安く高性能になって幅広く普及するのか、期待したほどのことはないなぁってムードに変わってブームが萎むのか、東京オリンピック前にははっきりしていると思いますが、私も今は正直わかっていません。

索引

■ 著者プロフィール

梅田弘之（うめだ ひろゆき）

東芝、SCSKを経て 1995年に株式会社システムインテグレータを設立し、現在、代表取締役社長。2006年東証マザーズ、2014年東証第一部上場。

前職で日本最初のERP「ProActive」を作った後に独立し、日本初のECパッケージ「SI Web Shopping」や開発支援ツール「SI Object Browser」を開発・販売。日本初のWebベースのERP「GRANDIT」をコンソーシアム方式で開発し、統合型プロジェクト管理システム「SI Object Browser PM」、アプリケーション設計の CADツール「SI Object Browser Designer」、プログラミングスキル判定サービス「TOPSIC」など、独創的なアイデアの製品を作り続けている。

最近は、自社AI「AISI∀（アイシア）」をベースとしたプロダクト・サービスに注力しており、デザインを認識するリバースエンジニアリングツール「AISI∀ Design Recognition」、ディープラーニングを使った異常検知システム「AISI∀ Anomaly Detection」、花の名前を教えてくれるAI「AISI∀ Flower Name」などを次々リリースしている。

主な著書に『Oracle8入門』シリーズや『SQL Server7.0徹底入門』、『実践 SQL』などのRDBMS系、『グラス片手にデータベース設計入門』シリーズや『パッケージから学ぶ 4大分野の業務知識』などの業務知識系、『実践！プロジェクト管理入門』シリーズ、『統合型プロジェクト管理のススメ』などのプロジェクト管理系、「これからのSIerの語をしよう」というビジネス系、ほか多数。

「日本の ITの近代化」と「日本の ITを世界に」の 2つのテーマをライフワークに掲げている。

■ 媒体紹介

 （https://thinkit.co.jp/）

"オープンソース技術の実践活用メディア"をスローガンに、インプレスグループが運営するエンジニアのための技術解説サイト。開発の現場で役立つノウハウ記事を毎日公開しています。

2004年の開設当初からOSS（オープンソースソフトウェア）に着目、近年は特にクラウドを取り巻く技術動向に注力し、ビジネスシーンでOSSを有効活用するための情報発信を続けています。OSSに特化したビジネスセミナーの開催や、Think IT BooksシリーズでのWeb連載記事の電子書籍化など、Webサイトにとどまらない統合的なメディア展開に挑戦しています。

■ STAFF

カバーデザイン	細山田光宣＋狩野聡子（株式会社細山田デザイン事務所）
カバーイラスト	橋本 聡
コラムイラスト	アラタ・クールハンド
本文デザイン・DTP	柏倉真理子
編集	中尾はいほ（書籍）
	伊藤隆司（Web連載）

■ 商品に関する問い合わせ先

インプレスブックスのお問い合わせフォームより入力してください。

https://book.impress.co.jp/info/

上記フォームがご利用頂けない場合のメールでの問い合わせ先

info@impress.co.jp

- 本書の内容に関するご質問は、お問い合わせフォーム、メールまたは封書にて書名・ISBN・お名前・電話番号と該当するページや具体的な質問内容、お使いの動作環境などを明記のうえ、お問い合わせください。
- 電話やFAX等でのご質問には対応しておりません。なお、本書の範囲を超える質問に関しましてはお答えできませんのでご了承ください。
- インプレスブックス (https://book.impress.co.jp/) では、本書を含めインプレスの出版物に関するサポート情報などを提供しておりますのでそちらもご覧ください。
- 該当書籍の奥付に記載されている初版発行日から3年が経過した場合、もしくは該当書籍で紹介している製品やサービスについて提供会社によるサポートが終了した場合は、ご質問にお答えしかねる場合があります。

■ 落丁・乱丁本などの問い合わせ先
TEL 03-6837-5016 FAX 03-6837-5023
service@impress.co.jp
(受付時間／10:00-12:00、13:00-17:30 土日、祝祭日を除く)
- 古書店で購入されたものについてはお取り替えできません。

■ 書店／販売店の窓口
株式会社インプレス 受注センター
TEL 048-449-8040
FAX 048-449-8041
株式会社インプレス 出版営業部
TEL 03-6837-4635

エンジニアなら知っておきたいAIのキホン
機械学習・統計学・アルゴリズムをやさしく解説

2019年1月21日 初版発行
2019年9月11日 初版第3刷発行

著　者　梅田弘之

発行人　小川 亨

編集人　高橋隆志

発行所　株式会社インプレス
　　　　〒101-0051　東京都千代田区神田神保町一丁目105番地
　　　　ホームページ　https://book.impress.co.jp/

印刷所　株式会社 廣済堂

ISBN978-4-295-00535-3 C3055

Printed in Japan